"十四五"普通高等教育本科部委级规划教材

服装学科系列教材

李 正 杨 妍 ◎ 主 编

景阳蓝 吴 艳 ◎ 副主编

U0280114

FUZHUANG SHEJI YU SHOUHUI BIAOXIAN

服装设计与手绘表现

中国纺织出版社有限公司

内 容 提 要

本书旨在让读者从基础到进阶，逐步了解并掌握服装设计与手绘表现的方法。从工具的介绍到人体结构、动态，再到多种面料在服装设计中的绘制、运用，以及多种款式服装设计及配饰的示范，带领大家领略时装画的魅力及绘制的要领。主要内容包括服装设计的流程，彩铅、水彩、马克笔工具及其基本技法，服装设计的人体比例及结构，服装设计中的妆容和发型，服装设计中常用的动态，服装的廓形，褶皱的表现，用彩铅表现各种面料质感，用水彩表现多变的时装款式，用马克笔表现不同风格的时装等。

本书还有丰富的案例，可作为服装手绘爱好者及服装设计工作者的进阶手绘教材，可提高服装设计与手绘表现技巧。对服装院校培养专业的服装设计人员，也是一本不可多得的参考书籍。

图书在版编目（CIP）数据

服装设计与手绘表现 / 李正，杨妍主编；景阳蓝，吴艳副主编. -- 北京：中国纺织出版社有限公司，2024.10. --（"十四五"普通高等教育本科部委级规划教材）. -- ISBN 978-7-5229-1951-5

Ⅰ. TS941.28

中国国家版本馆 CIP 数据核字第 2024G1C344 号

责任编辑：刘 茸　　责任校对：寇晨晨　　责任印制：王艳丽

中国纺织出版社有限公司出版发行

地址：北京市朝阳区百子湾东里 A407 号楼　邮政编码：100124

销售电话：010—67004422　传真：010—87155801

http://www.c-textilep.com

中国纺织出版社天猫旗舰店

官方微博 http://weibo.com/2119887771

北京通天印刷有限责任公司印刷　各地新华书店经销

2024 年 10 月第 1 版第 1 次印刷

开本：787×1092　1/16　印张：15.75

字数：240 千字　定价：68.00 元

服装学科现状及其教材建设

能遇到一位好的老师是人生中非常幸运的事。韩愈说"师者，所以传道授业解惑也"，而今天我们又总是将老师比喻为辛勤的园丁，比喻为燃烧自己照亮他人的蜡烛，比喻为人类灵魂的工程师等，这都是在赞美教师这个神圣的职业。作为学生，尊重自己的老师是本分，作为教师，认真地从事教学工作，因材施教去尽心尽责培养好每一位学生是做老师的义务，也是教师的基本职业道德。

教师与学生之间是一种无法割舍的社会关系，是教与学的关系，传道与悟道的关系，是一种付出与成长的关系，服装学科的教学也是如此。谈到师生的教与学的关系必然绕不开教材，教材在师生教与学关系中间扮演互通互解的桥梁角色。凡是优秀的教师一定会非常重视教材（教案）的建设问题，没有例外。因为教材在教学中的价值与意义是独有的，是不可用其他的手段来代替的，当然，好的老师与好的教学环境都是极其重要的，这里我们主要谈的是教材的价值问题。

当今国内服装学科主要分为三大类型：艺术类服装设计学科、纺织工程类服装专业学科和高职高专与职业教育类服装专业学科。另外还有个别非主流的服装学科，比如戏剧戏曲类的服装艺术教育学科、服装表演类学科等。国内现行三大类型服装学科教学培养目标各有特色，三大类型的教学课程体系也是有着较大差异性的，专业教师要用专业的眼光去选择适用于所任教学科的教材，并且要善于在自己的教学中抓住学科重点实施教学。比如艺术类服装设计教育主要是侧重设计艺术与设计创意的培养，其授予的学位一般都是艺术学，（过去是文学学位，而未来还会授予交叉学科学位）。艺术类服装设计学科的课程设置是以艺术加创意设计为核心的，比如国内八大独立的美术学院与九大独立的艺术学院，还有国内一些知名高校中的二级艺术学院、美术学院、设计学院等大多属于这类学科。这类院校培养的毕业生多以自主创业、工作室高级成衣定制、大型企业高级服装设计师、企业高管人员、高校教师等居多。纺织工程类服装学科的毕业生一般都授予工学学位，其课程设置多以服装材料研究及其服装科研研发为其重点，包括服装各类设备的使用与服装工业再改造等。这类学生在考入高校时的考试方式与艺术生是不一样的，他们是通过正常的文理科考试进校的，所以其美术功底不及艺术生，但是文化课程分数较高。这类毕业生的就业多数是进入大型服装企业担任高级管理人员、高级专业技术人员、产品营销管理人员、企业高级策划人员、高校教师与教辅等。高职高专与职业类服装学科的教育都是以专业技能的培养为核心的，主要是为企业培养实用型专业人才的，其在课程设置方面就比较突出实际动手的实操实训能力的培养，非常注重技能的提升，甚至会安排学生考取相应的专业技能等级证书。高职高专的学生未达本科层次，是没有学士学位的专业生，这部分学生相对于其他具有学位层次的高校生来讲更具职业培养的属性，在技能培养方面更胜一筹，毕业生更受企业欢迎。这些都是我国现行服装学科教育的现状，我们在制订教学大纲、教学课程体系、选择专业教材时都要具体研究不同类型学科的实际需求，要让教材能够最大程度地发挥其专业功能。

教材的优劣直接影响专业教学的质量，也是专业教学考量的重要内容之一，所以我们要清楚我国现行的三大类型服装学科各有的特色，不可"用不同的瓶子装着同样的水"进行模糊式教育。

交叉学科的出现是时代的需要，是设计学顺应高科技时代的一个必然，是中国教育的顶层设计。本次教育部新的学科目录调整是一件重要的事情，特别是设计学从13门类艺术学中调整到了新设的14门交叉学科中，即1403设计学（可授工学、艺术学学位）。艺术学门类中仍然保留了1357"设计"一级学科。我们在重新制定服装设计教学大纲，教学培养过程与培养目标时要认真研读新的学科目录，还需要准确解读《2022教育部新版学科目录》中的相关内容后再研究设计学科下的服装设计教育的新定位、新思路、新教材。

服装学科的教材建设是评估服装学科优劣的重要考量指标。如今我国的各个高校都非常重视教材建设，特别是相关的各类"规划教材"更受重视。服装学科建设的核心内容包括两个方面，其一是科学的专业教学理念，也是对于服装学科的认知问题，这是非物质量化方面的问题，现代教育观念就是其主观属性；其二是教学的客观问题，也是教学的硬件问题，包括教学环境、师资力量、教材问题等，这是专业教育的客观属性。服装学科的教材问题是服装学科建设与发展的客观性问题，这一问题需要认真思考。

撰写教材可以提升教师队伍对于专业知识的系统性认知，教师能够在撰写教材的过程中发现自己的专业不足，拓展自身的专业知识理论，高效率地使自己在专业上与教学逻辑思维方面取得本质性的进步。撰写专业教材可以帮助教师给自己的教学经验做一个很好的总结与汇编，充实自己的专业理论，逐步丰富专业知识内核，最终使自己的教学趋于最大程度的优秀。撰写专业教材需要查阅大量的专业资料并收集数据，特别是在今天的大数据时代，在各类专业知识随处可以查阅与验证的现实氛围中，出版优秀的教材是对教师的专业考验，是检验教师专业成熟度的测试器。

教材建设是任何一个专业学科都应该重视的问题，教材问题解决了，专业课程的一半问题就解决了。书是人类进步的阶梯，也是人类的好朋友，读一本好书可以让人心旷神怡，可以让人如沐春风，可以让读者获得生活与工作所需的新知识。同样，一本优秀的专业教材也应如此。

好的老师需要好的教材给予支持，好的教材也同样需要好的老师来传授与解读，二者珠联璧合、相得益彰。一本好的教材就是一位好的老师，是学生的好朋友，是学生的专业知识输入器。衣食住行是人类赖以生存的支柱，服装学科正是大众学科，服装设计与服装艺术是美化人类生活的重要手段，是美的缔造者。服装市场又是一个国家的重要经济支撑，服装市场的发展可以解决很多就业问题，还可以向世界输出中国服装文化、中国时尚品牌，向世界弘扬中国设计与中国设计主张。大国崛起与文化自信包括服装文化自信与中国服装美学的世界价值。我们要在努力构架服装学科专业教材上多下功夫，努力打造出一批符合时代需求的优秀专业精品教材，为现代服装学科的建设与发展多做贡献。

服装教育者首先需要明白，好的教材需要具有教材的基本属性：知识自成体系，逻辑思维清晰，内容专业、目录完备，图文并茂、循序渐进，由简到繁、由浅入深，特别是要让学生能够读懂看懂。

在教学中要能够抓住重点，因材施教，要善于旁敲侧击、举一反三。"教育是点燃而不是灌输"，这句话给予了我们教育工作者很多的思考，其中就包括如何来提高学生的专业兴趣，在教学中，兴趣教学原则很值得我们去研究。从某种意义上来讲：兴趣是高效优质地完成工作与学习的基础保证，也是成为一位优秀教师、优秀学生的基础保证。

本系列教材是李正教授与自己学术团队共同努力的教学成果。参与编写人员包括清华大学美术学院吴波老师、肖榕老师，苏州城市学院王小萌老师，广州城市理工学院翟嘉艺老师，嘉兴职业技术学院王胜伟老师、吴艳老师、孙路苹老师，南京传媒学院曲艺彬老师，苏州高等职业技术学院杨妍老师，江苏盐城技师学院韩可欣老师，江南大学博士研究生陈丁丁，英国伦敦艺术大学研究生李潇鹏等。

苏州大学艺术学院叶青老师担任了这套12本"十四五"部委级规划教材出版项目主持人。感谢中国纺织出版社有限公司对苏州大学一直以来的支持，感谢出版社对李正学术团队的信赖。在此还要特别感谢苏州大学艺术学院及其兄弟院校参编老师们的辛勤付出。该系列教材包括《服装设计思维与方法》《形象设计》《服装品牌策划与运作》等共计12本，请同道中人多提宝贵意见。

李正、叶青

2024年1月

如果把服装比作建筑的话，那么手绘图就是建筑的设计蓝图。它借助绘画的形式，直观地展现设计者的创作理念、设计构思以及服装的造型、结构、色彩、材质等方方面面，表达丰富多样的服饰时尚和审美内涵。手绘的表现技能是服装设计师必须掌握的专业技能之一，它具有服装设计语言表达与绘画艺术表达的双重属性。

在服装与服饰设计专业的人才培养方案中，服装设计与手绘表现始终是专业的基础课和必修课，它对后期专业的学习有着决定性作用。本书在编著过程中也时刻紧扣高校人才培养模式的需求，让读者从基础工具开始，逐渐了解和掌握服装设计手绘表现的方法。全书的编著思路从解读人体比例开始，通过大量手绘图稿，详细讲解了服装与人体的造型、动态、着装效果和色彩渲染等技法与技巧，书中加入与手绘图稿配套的实物照片，增强了视觉效果，增加了技术分析，于读者更深层次地领会时装画的真谛。

第一章从理论概念出发，让读者了解服装设计以及服装设计手绘的相关概念；第二章带领读者认识常用的手绘工具及其基本的表现技法；第三章解读人体比例，绘制人体动态；第四章绘制人体头部及四肢；第五章学习服装设计中常见的廓形及线稿的绘制；第六章、第七章是全书的重点，在介绍服装设计中常见面料、款式的同时，详细讲解面料、款式的绘制和设计表现；第八章从服装配饰出发，绘制不同的配饰；第九章对不同风格的手绘作品进行赏析，提高设计审美。

书中的款式时尚新颖，采用了近两年秀场中的款式，在款式和设计上具有时尚度和流行性。同时书中还有丰富的案例，最后一章加入了时装画艺术大赛获奖作品赏析，值得读者借鉴。关于服装设计与手绘的表现手法因人而异，只要能很好地表达出设计师的意图就是好的作品和设计。

本书由李正教授统稿、编排与修正，同时制定本书核心思路和框架；第一章、第二章、第四章、第五章由杨妍编著；第三章由景阳蓝编著；第六章、第七章、第九章由杨妍、景阳蓝、吴艳编著；第八章由吴艳编著。另外，伦敦艺术大学李潇鹏老师，苏州城市学院唐甜甜老师，苏州大学王巧老师、叶青老师，苏州大学艺术学院研究生余巧玲、莫洁诗、李慧慧、毛婉平，插画师辛喆，苏州高等职业技术学校卜孙颖、谢梦婷等都积极地为本书提供了大量的图片资料，同时也投入了大量的时间和精力。本书在编写过程中还得到了苏州大学艺术学院、苏州大学艺术研究院、苏州城市学院、苏州嘉兴职业技术学院以及苏州高等职业技术学校领导和相关教师的支持，在此表示感谢。

　　在编写本书的过程中，我们力求做到精益求精、由浅入深、从局部到整体、图文并茂、步骤翔实、易学易懂，突出服装设计与手绘技法的系统性和专业性。但是，受时间和水平的限制，加之科技、文化和艺术发展的日新月异，时尚潮流不断演变，书中还有一些不完善的地方，恳请专家、读者对本书存在的不足和偏颇之处能够不吝赐教，以便再版时修订。

编者

2024年1月

教学内容及课时安排

章 / 课时	课程性质 / 课时	节	课程内容
第一章 （2课时）	基础理论 + 实践 （理论4课时、实践2课时）		·绪论
		一	相关概述
		二	服装设计与时装画
		三	时装画的分类
第二章 （4课时）			·常用手绘工具及基本表现技法
		一	纸张
		二	画笔、工具
		三	基本表现技法
第三章 （6课时）	专业理论 （6课时）		·手绘人体基础
		一	人体基础结构
		二	时装画常用人体比例
		三	人体动态表现
第四章 （10课时）	专业实践 （60课时）		·手绘人体头部及四肢的表现
		一	头部的表现
		二	五官的表现
		三	发型的表现
		四	完整头部的表现
		五	四肢的表现
第五章 （12课时）			·服装设计线稿的绘制
		一	常见廓型绘制
		二	局部款式绘制
		三	服装褶皱绘制
		四	服装设计效果图线稿绘制

章/课时	课程性质/课时	节	课程内容
第六章 （18课时）	专业实践 （60课时）		·服装设计常见面料表现技法
		一	薄纱面料
		二	蕾丝面料
		三	针织面料
		四	皮革面料
		五	牛仔面料
		六	羽绒面料
		七	格纹面料
第七章 （12课时）			·服装设计常见款式表现技法
		一	裙装设计表现
		二	外套设计表现
		三	裤装设计表现
		四	内衣设计表现
第八章 （8课时）			·服装配饰的表现技法
		一	时尚帽子
		二	时尚首饰
		三	时尚箱包
		四	时尚鞋子
第九章 （2课时）	专业理论 （2课时）		·服装设计手绘作品赏析

注　各院校可根据自身的教学特点和教学计划对课程时数进行调整。

目 录
CONTENTS

第一章
绪论

课题名称：绪论。

课题内容：从理论知识角度认识时装画与服装设计，简要阐述服装设计、时装画的相关概念，梳理了服装设计与时装画之间的关系，同时对服装设计手绘的分类进行了重点讲解。

课题时间：2课时。

教学目的：使学生初步了解服装设计与手绘表现的基础知识。

教学方式：理论传授。

教学要求：掌握有关服装设计及时装画的基础知识。

课前（后）准备：课前搜集服装设计相关资料，课后拓展阅读、上网查询服装设计及手绘表现的最新信息。

服装设计与手绘表现之间有着密不可分的联系，手绘表现作为服装设计的专业基础技能，既是设计师对设计概念的直接表达，又是设计师与制版师之间沟通的桥梁。设计师在设计服装时，先通过收集灵感、素材，再通过绘制的形式将头脑中的想法表现出来，能够很好地体现设计师对于时尚的理解。手绘是最直接也是最方便的表现形式，在扎实的手绘基础上再进行电脑绘制会便捷许多。由此可见，手绘表现是服装设计的基础，也是服装设计师表达创意的技巧之一，它在服装设计的过程中占据着非常重要的位置。

随着科技的高速发展，服装设计手绘表现工具越来越多样化，表现形式也在不断地变化和创新，作为服装设计专业人士，必须掌握不同类型的手绘表现技法。当然，在学会手绘表现技法之前，对服装设计相关概念的掌握也是必需的，特别是服装设计与时装画之间的关系。厘清服装设计、时装画的概念以及服装设计手绘的分类，对后面正确快速掌握手绘技法有一定的帮助。

在本章节中，主要概述了服装设计与时装画的概念以及两者的关系，并将时装画进行了分类，有助于读者从理论知识角度认识时装画与服装设计。

第一节 相关概述

服装设计手绘是服装设计专业的基础技能，最初它只是表现服装设计的一种绘画手段，服装最初也并不是根据人体工程学以及为满足社会需求而设计的，但随着时代的发展以及受众文化观念的改变，服装设计与手绘已经被广泛应用到各个领域，并向更宽广的领域发展。服装设计与手绘的概念包含多方面，因此在进行服装设计与手绘之前，需要对一些专业词汇、专业理论基础知识进行一定的了解，这样有利于后期手绘技法表达和表现的学习。

一、服装设计的概念

服装设计是设计师根据特定要求进行的一种设计构思，主要通过绘制时装效果图、款式图、工艺结构图等进行的一种实物制作的过程。它并非单指某件服装或服饰，而是思维概念转化为实物的整体设计全过程。服装设计不仅考验设计师对设计构思的创意、思维的精准表达，科学的剪裁也影响着实物的落地性、美观性、功能性。

服装设计也是在一定的社会、文化、科技等背景下，依据人们当下的审美要求与物质要求，运用特定的审美原理、思维形式等进行设计的一种方法。服装设计一方面解决人们在穿着过程中所遇到的功能性问题，另一方面也将富有美观性与创意性的设计理念

图1-1 服装设计

图1-2 时装画

传递给大众（图1-1）。

服装设计主要有三大构成要素——款式、色彩、面料。

款式是服装设计造型的基础，是三大构成要素中最重要的一部分，款式决定着服装的廓型、结构、细节，也决定了服装整体的流行性与时尚性；色彩是服装设计中视觉效果最为突出的重要因素，色彩不仅能为穿着者带来不同的服装风格与体验，而且能营造和渲染服装整体的艺术氛围和审美感受；面料是体现服装造型结构的重要方式，不同款式、不同风格的服装都需要运用相对应的面料进行设计，以此确保服装整体的和谐统一。

三大要素之间相互制约、相互联系、相互依存，针对不同风格的服装，三大要素之间侧重的比值、角度也是有所区别的，这就要求设计师在进行服装设计时，不仅要考虑消费者的审美心理与物质需求，还需要考虑在实施过程中降低成本，提高效益。

二、时装画的概念

简单来说，时装画是以时装作为表现主体，展现人体着装后的效果和形态，兼具一定艺术性和工艺技术性的一种特殊形式的画种，同时也是服装设计的表现形式之一（图1-2）。设计师可以通过时装画将自己的意图、想法、设计理念等完整地表达出来，也可通过时装画与工艺师进行有效沟通，因此时装画在兼具一定视觉冲击的同时，也要考虑设计在技术上的可行性。

随着时代的发展，时装画已逐渐演变为一种插画艺术，服装设计师通过时装画来展示服装艺术与设计灵感，插画师用时装画来表现艺术美学，从某种程度上来说，时装画与绘画艺术间有着一定的共通之处。

（一）时装画的产生

时装画是在16世纪的欧洲诞生的，虽早期有壁画、墓室画、雕塑等其他形式的绘画，但这些都不是时装画，因为它们不以展现服装为主要创作目的。16世纪的欧洲，当时已经有反映宫廷生活的绘画杂志，里面包含了精美的服饰以及贵族形象，代表了当时社会的时装流行趋势。由于印刷技术不够发达，早期的时装画只能通过版画的形式来表现，这些版画便可看作时装画的起源以及主要传播方式之一。

（二）时装画的发展

时装画的历史最早要追溯到16世纪，贵族雇佣大批艺术家描绘上流社会的生活而创作了时装画，主要以版画的形式出现。17世纪60年代，在法国国王路易十四的推崇下，一张专门报道服装信息的报纸诞生了。纸张、报纸加快了信息的传播，服装行业也随之迅速发展，可以表现最新服装款式的时装画也大量出现。温斯劳斯·荷勒（Wenceslaus Hollar）和理查德·盖伊伍德（Richard Gaywood）是17世纪服装版画的代表人物。

18世纪，雕刻、铜版画技术的提高，使得时装画表现越来越精美，呈现形式也不再是单一的款式，经常出现系列组合服装，还会用一些时髦的建筑外观、精美的室内陈列、发型、帽子、鞋子等作为时装画的背景。18世纪上半叶，时装画在法国受美化女性思想引导，绘画上多以描绘姿容曼妙、装饰满身的人物为主，服装色彩艳丽，装饰风格雍容华贵。

19世纪，摄影技术一度导致时装画大面积消亡。早期的摄影家们从插画里的款式和动态中获取灵感，采用直观的摄影图片来表现时装形象，时装摄影逐渐取代了时装画在时尚杂志中的主导地位。

20世纪，出现了众多艺术流派的绘画大师，对时装画产生了极大的影响。例如：毕加索的"立体主义"、马蒂斯的"野兽主义"以及达利的"超现实主义"等，这些风格极具个性，为时装画的创作提供了无限的创意灵感。这一时期时装画的技法、表达形式、风格等呈多样化发展，代表性人物有莱帕波（Lepape）、艾里克（Eric）、威廉麦兹（Willanmez）等。20世纪初，以VOGUE为代表的众多时装刊物主编，与各界人士紧密结合，并时刻关注着姊妹艺术的发展，鼓励各种新的时尚观念的表达，他们率先在杂志中为一批艺术家提供了时装画创作和表现的空间，聘请了插画师、艺术家为杂志创作封面或插图，从而大大提高和丰富了时装杂志的艺术品位（图1-3）。

图1-3　*VOGUE*杂志早期封面

　　随着摄影技术的提高，在*VOGUE*杂志1932年使用照片作为封面后，时装画逐渐退出时尚杂志版面。20世纪60~70年代是时装画的"下坡路"时期，随着资深的时装画大师相继去世，时尚圈年轻、朝气蓬勃的气息以及对未来主义风格的无限热情，导致时尚杂志不得不把重心转移到摄影中去，时装画艺术也陷入了低谷。

　　今天，数字媒体技术在时装画领域广泛应用，在技法表现、效果制作上日臻成熟，这为时装画艺术的发展提供了新的契机。越来越多的人已经领略到时装画带来的艺术魅力。它一扫摄影图片单一、冷漠的表现形式，通过丰富多彩的画面渲染，带给了人们更多的想象空间。另外，设计师的加入也进一步增强了时装画的艺术丰富性。在我国，也有越来越多的时尚杂志开始刊登时装绘画作品，为时装画艺术提供更广阔的展示平台和发展空间，形成了独特的东方魅力。

第二节　服装设计与时装画

　　时装画是服装设计中非常重要的组成部分，但掌握了时装画的绘制技能并不代表真正学会了服装设计，只有掌握更多相关专业知识和技能（如思维拓展、系列设计、工艺、制版、生产管理等），将时装画与之结合，才能更好地进行服装设计。服装设计与时装画之间存在着紧密的联系，服装设计可以借用时装画的形式来表达，同时时装画也是服装设计师表现设计概念的一种方式。

一、时装画的特点

可以说时装画是将抽象的思维转化为具象的作品过程中的关键一步，它涉及信息的整合、灵感的迸发、思维的发散等，因此好的时装画，应具备艺术性、时尚性和针对性这三个特点。

（一）艺术性

时装画是绘画语言的一种表现形式，无论是绘画方式、绘画目的，所呈现出来的作品都具有一定艺术性，特别是在进行自我创作时，设计师会展现更多的风貌、风格、笔触、色彩等创作艺术，时装画也能更好地体现设计师的审美修养（图1-4）。

图1-4 彩铅时装画

（二）时尚性

时装画与时尚艺术紧密结合、息息相关，从16世纪开始就反映当时人们穿着的款式以及着装品位，还影射着当时的社会、经济、文化背景和审美观念。捕捉时尚潮流、预测流行未来，并将这些融入时装画中，是设计师应该具备的专业素养（图1-5）。

（三）针对性

在众多名画中，有许多穿着华丽服饰的人物形象，但这些作品不能称为时装画，因为在这些作品中，服装仅仅是人物形象的附属品，并非主体。时装画是表现人体着装后的状态，与人体、服装、时尚生活相结合，人和服装都是时装画的主体（图1-6）。

二、服装设计与时装画的关系

时装画是整个服装设计流程中一个重要的环节，起着承上启下的作用。设计师在设计服装时，首先确定主题（即灵感来源与调研、服装流行趋势分析、灵感板的制作），从灵感来源中提取款式、色彩、面料、细节等元素进行草图绘制，接着进行系列服装设计拓展以及绘制服装效果图和平面款式图，然后与制板师进行工艺的对接和样衣的制作，最后完成服装的生产和销售。虽然整个服装设计的过程并不都需要设计师亲力亲为，但在服装制板和工艺环节之前，都是设计师应该完成的工作。

服装设计与时装画之间有着密不可分的联系，在各大高校的教学环节中，学习服装设计的第一门课程就是绘制时装画，在掌握了一定表现技法后再进行创作。时装画的创作分为手绘和电脑绘两种，其中电脑绘也包含手绘与电脑绘的结合。由此可见，时装画在服装设计的教学环节中既是专业基础课程，也是专业必修课程。

图1-5　马克笔时装画

图1-6　水彩时装画

第三节　时装画的分类

　　最初时装画主要是作为服装设计效果图的一种表现形式，随着服装产业的高速发展以及时装广告、插画、摄影等艺术的产生和融合，时装画的用途和表现越来越广，表现形式和风格也变化多端，它涉及服装的灵感来源、制作、工艺、设计、落地等各个环节。

　　根据时装画的功能、用途和表现形式，可将其分为以下几类。

一、服装设计草图

　　服装设计草图可以细分为：设计草图和服装速写图两种（图1-7、图1-8）。

　　设计草图和服装速写图都是设计师用于快速记录自己最初设计构思或捕捉瞬间灵感的方式。一般来说，在正式绘制服装设计效果图之前，设计师勾勒出来的所有图稿都可以称为设计草图。

　　服装设计草图的绘制没有时间、地点和作画工具的限制，它们表现出来的往往是抽象的、活跃的、没有完成的作品。设计师在绘制中并不追求画面的完整性和细节处理，通常是随手描绘，一般会在草图的旁边配备一些文字进行说明，或粘贴一些灵感来源的图片丰富画面。服装设计草图其目的并不在于表现服装的完整性，更多的是视觉上的快感和设计师的情绪表达。

图1-7　设计草图

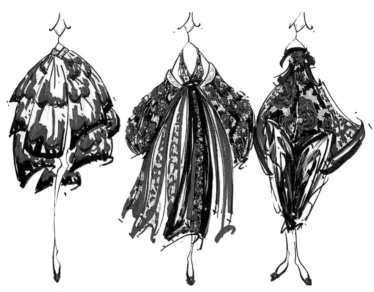

图1-8　服装速写图

二、服装设计效果图

与服装设计草图相比，服装设计效果图更完整、更具体、更细致（图1-9），它将设计师构思的服装生动形象且完整地绘制出来。服装设计效果图注重人体穿着时的整体形态，弱化制作工艺和结构的交代，强调最终的服装造型视觉效果。为营造更好的服装视觉效果，服装设计效果图包含发型、妆容、配饰、服装、鞋履等内容，全方位地展示服装的款式、造型特点、整体搭配、色彩搭配、面料细节、服装配饰等，同时传达设计师的创意和设计理念。

图1-9　服装设计效果图

三、服装设计款式图

服装设计款式图可分为款式效果图和服装款式图两种。

款式效果图和服装效果图都属于完整的效果图，但两者有着明显的差别，服装效果图强调服装的艺术性和绘画者的艺术修养，而款式效果图更强调款式的造型和工艺技术性。款式效果图侧重于服装结构、工艺、面料的交代，具有较强的工厂生产指导性，这类效果图最接近服装落地后的穿着效果，因此在款式上不会有太多夸张的艺术造型。款式效果图有一定的规范，在企业生产中较为常见（图1-10）。

图1-10　款式效果图

服装款式图包含服装的正、背面，是服装款式细节的平面图，在绘制过程中须注重服装的款式、版型、比例、结构、工艺等细节。服装款式图比较严谨，是与制板师之间沟通的重要依据，因此在结构和细节上不能有较大的偏差，否则直接影响成衣的落地效果。在服装款式图绘制中，设计师较多使用电脑软件进行绘制，不仅能更方便地进行款式调节，还能提高工作效率（图1-11）。

图1-11　服装款式图

四、时装插图

时装插图可分为商业时装插图和艺术时装插图。

商业时装插图是指插画师为某品牌、产品或活动专门绘制的插图，主要用作商业宣传、突出品牌理念。商业时装插图能使产品更好地融入生活。

艺术时装插图是插画师创作的个人作品，更注重绘画的形式、插画师的风格和个性的表达，视觉上更具个人魅力（图1-12）。

图1-12 时装插画

本章小结

■ 服装设计是设计师根据设计对象的要求进行的设计构思，主要通过绘制时装效果图、款式图、工艺结构图等进行实物制作。

■ 时装画是以时装作为表现主体，展现人体着装后的效果和形态，兼具一定艺术性和工艺技术性的特殊画种，同时也是服装设计的外化表现形式之一。

■ 时装画的特点：艺术性、时尚性和针对性。

- 服装设计与时装画之间密不可分，时装画是设计师在进行服装设计表现时运用的手法之一。
- 时装画可分为服装设计草图、服装设计效果图、服装设计款式图和时装插画四大类。

思考题

1. 服装设计的相关概念有哪些？
2. 时装画的特点以及分类是什么？
3. 找出一幅你喜欢的时装画或简要了解一位服装设计大师。

第二章
常用手绘工具及基本表现技法

课题名称：常用手绘工具及基本表现技法。

课题内容：介绍常见纸张及画笔工具，重点讲解马克笔、水彩和彩铅的表现技法；熟悉不同手绘工具的使用方式及其属性特征，通过不断练习加强实践。

课题时间：4课时。

教学目的：对常用手绘工具有一定了解，掌握不同工具的基本表现技法。

教学方式：理论传授、示范教学。

教学要求：1.掌握有关服装设计和时装画的基础知识。

2.具有基础绘图能力。

课前（后）准备：铅笔、橡皮、纸张、马克笔、水彩笔、彩铅、其他画材、画板。

古人云，"工欲善其事，必先利其器"，当手中有了对应的工具后，做起事情来才会得心应手、事半功倍，服装设计与手绘表现亦是如此。在上一章节中，我们了解到时装画的特点及其分类，因此，针对不同类别、不同风格的时装画，需要选择不同的手绘工具，而不同的手绘工具也对应着不同的表现技法。在绘制时装画之前，对常用的工具及其基本表现技法进行了解是很有必要的，不同手绘工具最终呈现的效果图也各具特色。熟悉常用手绘材料，可以有效帮助作者更好地诠释设计作品，突出作品特色，体现服装的款式、材质和色彩，使其能更加充分地被观者理解。

本章将分别从纸张、画笔工具以及画笔工具对应的基本表现技法进行介绍。

第一节　纸张

服装设计手绘与其他绘画艺术创作活动既有共性又有区别，两者在创作之初都会进行设计构思，而在表达形式上，服装设计手绘主要以纸张作为表现媒介，其他绘画艺术创作活动则除了用纸张作为表现媒介外，还会利用其他非纸张类材料进行设计表达。就服装设计与手绘表现而言，纸张有肌理、厚薄、软硬和颜色之分。

纸张的选择可以根据绘图者的喜好和习惯进行筛选，有的设计师喜欢选择纸面平滑的，有的喜欢肌理感强、凹凸不平的，不同的材质各有其优点，主要根据使用者个人的习惯或需求。纸张包含常用的水彩纸、水粉纸、A4打印纸、卡纸等，其中卡纸还有白卡纸、黑卡纸和其他彩色卡纸，这些都是可选择的纸张种类。纸张材质对设计表现有着决定性影响，因此在设计创作之前，有必要对不同纸张的优缺点进行了解。

一、白卡纸

白卡纸（图2-1）适用于彩铅和马克笔，以80g/m²以上质量为优，由于彩铅的铅末颗粒较大，在画纸上进行反复涂抹时，如果纸张太薄容易划破。初学者可以先从A4大小的纸张入手，在掌握了一定技巧和方法后可选择更大或更小的纸张。

二、马克笔专用纸

马克笔具有较强的墨水渗透力，因此

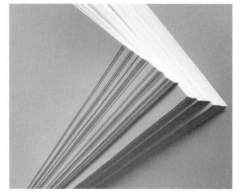

图2-1　白卡纸

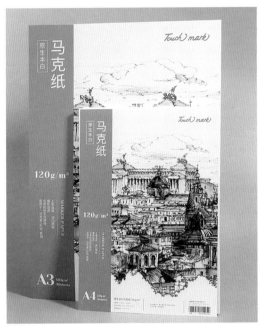

图2-2　马克笔专用纸

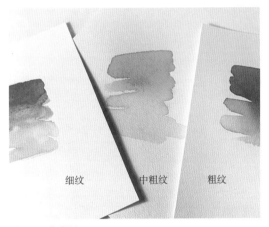

细纹　　　中粗纹　　　粗纹

图2-3　水彩纸

若在普通的纸张上进行绘制，墨水很容易渗透到纸张的背面或者出现"晕开"状，使用马克笔绘制时最好搭配马克笔专用纸（图2-2）。马克笔专用纸不同于其他纸张，它的表面附有一层蜡，能够减少马克笔与纸张之间的摩擦力，减少马克笔笔尖磨损的同时利于马克笔表现细节。在使用马克笔作画时，建议在纸张下面铺垫一张备用纸张或画板，以防弄脏桌面。

三、水彩纸

水溶性彩铅和水彩笔通常在水彩纸（图2-3）上使用，目前市面上水彩纸种类较多，有细纹、中纹和粗纹之分，不同密度的水彩纸吸水性和耐水性也不同。优质的水彩纸纸面干净、吸水性适度、不易磨破、着色后纸面平整不起褶皱。在选用水彩纸之前可根据水彩笔的品牌，到实体店试一试，找到一款适合自己画笔的纸张。

第二节　画笔、工具

在手绘表现的过程中，画笔工具仍是主要的工具，其他工具只起到辅助的作用。画笔工具分类较多，不同类型对应着不同的使用方法和使用效果。对画笔工具了解和掌控的程度能直接影响作品的效果，因此，需要根据作画要求和设计手法选择对应的工具，创作合适的设计画面。

一、铅笔及橡皮

（一）铅笔

一般常用的铅笔有木杆铅笔（图2-4）和自动铅笔（图2-5）两种。绘制草图以及平时练习时装画人体时，建议使用普通的木杆铅笔（2B铅笔即可），这种铅笔画出来的

图2-4 木杆铅笔

图2-5 自动铅笔

线条有变化，利于表现节奏与韵律，同时侧锋用笔还能带出一些阴影的变化。在绘制时装画时，建议使用自动铅笔起稿，自动铅笔能绘制出相对工整的线条，目前市面上常见的自动铅笔笔芯有几种规格：0.3mm、0.5mm、0.7mm、0.9mm、1.3mm、2.0mm，不同型号的自动铅笔画出来的线条粗细不同，时装画中较常用的是0.3mm和0.5mm。

（二）橡皮

市面上的橡皮有硬质橡皮（图2-6）和可塑橡皮（图2-7）两种。硬质橡皮主要用于擦掉多余或绘制错误的部分，方便作画者进行画面调整；可塑橡皮比较柔软，造型可以随意捏制。绘制时装画建议购买普通中等硬度的橡皮，可塑橡皮一般在素描中运用较多。

二、针管笔

针管笔也称勾线笔，建议购买防水的针管笔（图2-8）。我们通常将针管笔与马克笔、水彩笔结合使用，防水性的针管笔不易晕染。针管笔有粗细之分，既可用在外轮廓的勾勒上，也可用在细节的处理上。手绘中常用的针管笔有黑色和棕色两种，黑色用于勾勒服装轮廓、细节，棕色用于勾勒人体轮廓。

需要注意的是，在使用针管笔时不能用力过猛，防止笔头变形，绘制时应尽量做到弱入淡出，用笔流畅、均匀且稳定。

图2-6 硬质橡皮

图2-7 可塑橡皮

三、彩色铅笔

彩色铅笔简称彩铅，是手绘初学者最容易接受和掌握的一种绘制工具，相比其他工具，彩铅笔头细小，画出的作品较为清新淡雅，笔触大多取决于纸张的纹理。市面上常见的彩铅有水溶性彩铅（图2-9）和油性彩铅（图2-10）两种，水溶性彩铅可以根据水量的多少形成水彩晕染的效果；油性彩铅比水溶性彩铅颜色更鲜

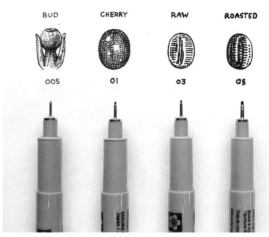

图2-8 针管笔

艳，上色后有光泽。如果不是用来画水彩画，建议购买油性彩铅。

图2-9 水溶性彩铅

图2-10 油性彩铅

四、马克笔

马克笔又称记号笔（图2-11），是一种绘画专用的彩色笔，本身含有墨水，且通常附有笔盖。马克笔按墨水分为：油性马克笔、酒精性马克笔和水性马克笔；按笔头分为：纤维型马克笔和发泡型马克笔。油性马克笔耐水且耐光性好，颜色多次叠加不会变灰，

色泽鲜艳；酒精性马克笔最为常见且运用广泛，同样有速干、防水的效果；水性马克笔颜色有透明感，可呈现亮丽清雅的效果，但多次叠加后颜色会变灰，且容易损伤纸张。

图2-11　马克笔

五、水彩

水彩按特性分为：透明水彩和不透明水彩。

在服装设计手绘中一般使用透明水彩颜料（图2-12），因其透明度高，颜色叠加时下面的颜色能够透出来。水彩的色彩没有马克笔、彩色墨水鲜艳，但着色较深，作画长期保存不易变色。在作画过程中，水彩颜料需和不同程度的水稀释调和成想要的颜色，因此初学者需要练习一段时间后才能掌握。

水彩颜料对应水彩毛笔和调色盘两种工具。

水彩毛笔（图2-13）是画水彩画时的重要工具，水彩毛笔的笔刷具有良好的蓄水性和弹性，貂毛类水彩笔最佳，但价格比较昂贵。如果不是笔头水彩的"忠实粉丝"，只是浅尝水彩颜料作画，可以购买自来水笔。

在调制水彩颜色时，需要准备一个调色盘（图2-14），市面上调色盘种类较多，可根据自身需要进行购买。在调色时，注意不要串色，尽量一个颜色一个区域。

图2-12　透明水彩颜料

图2-13 水彩毛笔

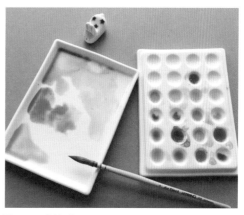

图2-14 调色盘

六、其他画材

（一）勾线笔

　　勾线笔（图2-15）主要用于画出线条的粗细变化，或分清衣服的层次结构。勾线笔有硬头和软头之分，硬头适合勾勒工整笔直的线条，软头适合勾勒有粗细变化、柔滑的线条。在进行勾线时要保持线条的流畅，笔触不要随意抖动，控制好手腕的力度才能绘制出优美的线条。

图2-15 勾线笔

（二）高光笔

　　高光笔（图2-16）是最常见的高光处理工具。一般绘制高光的方式有两种，一种是直接留白或用留白胶，另一种是利用高光笔或白墨汁。留白的手法若没有控制好，会造成高光过大或过小，对于初学者来说采用高光笔更容易操作。高光笔有白色也有淡彩色，在选购高光笔时要挑选走珠笔尖，而非油漆笔，中等粗细、覆盖力强且出墨均匀顺畅的高光笔为最优之选。

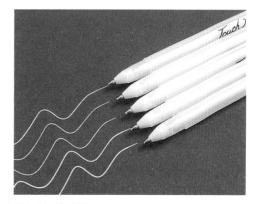

图2-16 高光笔

（三）彩色纤维笔

图2-17　彩色纤维笔

彩色纤维笔（图2-17）笔头很细，通常与马克笔搭配使用。不同于针管笔，它的颜色种类较多，有时棕色和黑色纤维笔可代替针管笔来勾细线，彩色纤维笔能弥补马克笔因笔头较粗而无法深入的细节刻画。

第三节　基本表现技法

"工欲善其事，必先利其器。"在熟悉工具了以后，还需掌握工具的特征以及使用方法，这是画好服装设计手绘图的基本前提。本节主要以马克笔、水彩和彩铅三种工具为例，分别介绍各自的基本表现技法。在掌握了对应的表现技法后还须长期练习，才会达到最终的"质变"。

一、马克笔表现技法

马克笔因其使用方便、高效而成为服装设计手绘中常用的工具之一，但马克笔的局限也比较明显。首先，马克笔的笔头大多是固体的形态，笔触变化较少，即便是软头的笔也不能像水彩笔一样制造多变的笔触。其次，马克笔的混色效果没有水彩强，无法像水彩一样利用多种颜色调和出其他色彩，只能依靠自身单一的色彩深浅进行变化。马克笔虽局限性较多，但依旧可以借用不同的笔触来表现丰富的画面效果。

（一）平涂

图2-18　平涂

平涂是所有手绘作品中最常见且最基础的技法，马克笔也不例外。马克笔在平涂的过程中，受笔尖形状、材质和宽度的限制，无法像其他笔触一样绘制出极为平整的色块，通常会留下笔触衔接的痕迹，如图2-18所示，这也正是马克笔平涂的一大特色。

（二）叠色

马克笔的叠色可分为同色叠色（图2-19）和异色叠色（图2-20）。同色叠色次数越多，颜色越深，有渐变或明暗变化效果；异色叠色用来调和画面色彩，有时会出现调和性的复色。无论是同色还是异色相叠，次数都不宜过多，否则会失去马克笔的透明感。

（三）排线

通常一支马克笔上有两种笔头，笔头都不会像铅笔一样细小，因此并不能形成细密的色调，但我们可以利用马克笔的笔触并根据一定的秩序进行排列组合（图2-21），同时笔触之间留出的缝隙可做留白处理，也可透出下方的底色。

（四）勾线

勾线这种技法主要是利用马克笔的尖头进行勾勒，既能迅速地绘制出均匀流畅的线条，又能通过控制笔与纸张的接触面积绘制出具有粗细变化的线条（图2-22）。

图2-19　同色叠色

图2-20　异色叠色

图2-21　排线

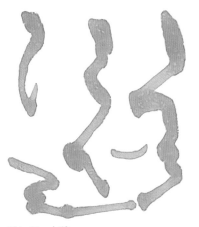

图2-22　勾线

图2-23 转笔

图2-24 与彩铅混合使用

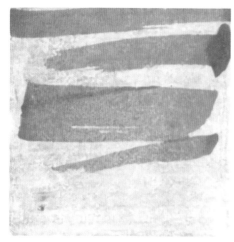

图2-25 与水彩混合使用

（五）转笔

一般指用马克笔的粗头通过旋转笔的方式来改变笔触在纸上的宽窄，与平涂相比，多了一些笔触的变化而能形成不同的效果（图2-23）。

（六）与彩铅混合使用

马克笔与彩铅的混合使用，是在马克笔绘制后的基础上，利用彩铅的硬笔优势进行肌理叠加，增加画面的艺术效果（图2-24），也可用来绘制服装上的细节，例如：拉链、缝迹线、扣子等。

（七）与水彩混合使用

可以先用水彩进行大面积铺色，再用马克笔进行色彩强调；也可以用水彩在马克笔上进行渲染着色（图2-25）。

二、水彩表现技法

受画笔、纸张以及颜料等绘画工具的影响，水彩能产生丰富多彩的变化。具体来说，不同的运笔方式、用笔速度，不同品牌的颜料、纸张，笔中水量的控制以及其他媒介的使用都会影响水彩最终的表现。水彩的表现技法主要有以下三个方面。

（一）运笔

借助笔尖的弹性和形状，在笔和纸张接触时，改变笔锋角度和行笔方式，形成不同的表现效果（图2-26）。

图2-26 运笔

（二）用水

通过增加与减少水分来控制水彩的颜色深浅浓淡、笔触的干湿变化等（图2-27）。

（三）肌理的制作

借助不同的媒介和材料，能够制造非常独特的质感和效果（图2-28），这一点极大地反映了水彩表现技法的灵活特性。

图2-27 用水

图2-28 肌理的制作

三、彩铅表现技法

对初学者而言，彩铅笔触细腻，颜色过渡自然，是一种比较容易掌握的工具。彩铅的用笔、笔触感与铅笔极为类似，可以通过改变彩铅用笔的力度和笔锋的控制来描绘出精致的细节，可自由排列变化，表现技法可借鉴素描。

以下为彩铅的几种主要表现技法。

（一）平涂

平涂是彩铅最基础、最简单的表现技法，运用彩铅均匀地排列出衔接紧密、方向一致的线条，从而达到色彩一致的效果（图2-29）。

（二）叠色

彩铅的叠色可以是对比色的叠加和邻近色的叠加（图2-30）。邻近色叠色是将色相相近的颜色进行叠加，在使其过渡自然的同时也能带来明显的深浅变化；对比色叠色是将反差较大的颜色叠加在一起，

图2-29　平涂

如红色与绿色，橙色与蓝色等对比色叠加使画面更具视觉冲击力。值得注意的是，对比色叠色颜色不宜过多，否则画面会杂乱无序。

图2-30　叠色

（三）排线

彩铅的排线与铅笔类似，主要有竖排、横排、斜排、交叉排列等，在排列的过程中注意控制用笔的力度和笔锋方向即可（图2-31）。

图2-31　排线

（四）渐变

渐变是通过控制用笔力度来实现的一种表现技法。用笔较重，笔尖与纸张接触面多，画面线条颜色则深，反之较浅。渐变的处理手法有两种，一种是先铺一层底色，在底色的基础上进行力度较重的线条排列，另一种是通过线条的疏密来营造渐变的效果。同色相的渐变称为单色渐变，两种不同色相的渐变称为双色渐变（图2-32）。

图2-32　渐变

（五）勾勒

彩铅的笔尖较硬，在勾勒服装轮廓和服装图案时具有较大的优势，可以细致地描

绘出服装细节，从而达到满意的效果
（图2-33）。

本章小结

- 常见的手绘纸张有白卡纸、马克笔专
  用纸以及水彩纸三种。
- 常见的手绘画笔和工具有铅笔、橡
  皮、针管笔、彩色铅笔、马克笔、水
  彩笔以及其他画材。

图2-33　勾勒

- 马克笔、水彩和彩色铅笔分别有不同
  的表现技法，不同画笔最终呈现的效果图也各具特色。
- 熟悉常用手绘材料，可以有效帮助设计师更好地诠释设计作品，突出作品特色，体现
  服装的款式、材质和色彩，使其更加充分地被观者理解。

思考题

1. 纸张分为哪几种？分别对应使用哪些画笔工具？
2. 马克笔可分为哪两种？
3. 马克笔、彩铅以及水彩工具绘制出来的效果图有何差别？

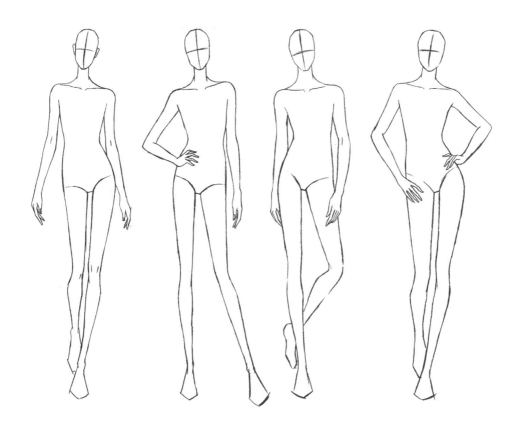

第三章
手绘人体基础

课题名称：手绘人体基础。

课题内容：了解人体的基本构造，对女性、男性以及儿童人体比例进行细致讲解，同时根据时装画和服装设计创作出常用的人体动态，选取了部分静态与动态人体进行示范练习。

课题时间：6课时。

教学目的：通过对人体基础结构的了解，学习时装画中常见的人体比例特征，掌握人体动态及静态表现形式。

教学方式：理论传授、实践操作。

教学要求：1.熟练使用精确的结构、协调的比例达到服装与人体的完美结合。

2.掌握正确的人体比例，绘制出艺术性的时装画人体。

3.掌握静态以及动态人体表现。

课前（后）准备：课前准备铅笔、纸，课后加强人体比例练习。

　　人体是服装的载体，服装依附于人体上，由不同人体的形态展现出服装的多样变化。服装的造型状态，面料是飘逸还是堆积，都与穿着者的动态姿势紧密相关。可以说，对人体外形规律的掌握是研究服装画的第一课，是塑造服装结构的基本功。一般来说，时装画中的人体模特都会对现实中的人体模特做出适当的夸张与变形处理，从而加强其视觉效果。但无论时装画作品本身包含了多少设计的创意成分，人体比例标准仍是其必须遵循的原则，因为任何服装最后都必须适合人体的穿着。因此，想要画出具有一定美感的时装画人体，学习人体基础知识是极其关键的步骤。

　　从理论的角度来说，在理解和掌握了人体比例的标准之后，有必要学习如何在时装画中应用这些标准并使其风格化。这就意味着在绘制时装画人体时，可以对人体的某些比例进行调整，以适应时装画多样的形式语言，同时还要考虑到调整后人体的不同部位之间是否存在着一种和谐感。

　　本章节详细剖析了人体结构的三个要点——结构、比例和动态，对三者循序渐进展开叙述，对于女性和男性，成人与儿童的人体相似性和差异化也做了详细的分析讲解。

第一节　人体基础结构

　　人体结构最重要的三点是结构、比例和动态。能够熟练使用精确的结构、协调的比例和自然流畅的动态是学习绘制时装画人体的第一步。从人体工程学角度来说，服装不仅要符合人体造型需要，还要符合人体运动时的需要，合理且优质的服装穿着舒适合体，且便于人们四肢活动，给生活带来便捷。因此，在研究服装结构造型之前，也必须了解人体的基本构造，达到服装和人体的完美结合。

一、人体的基本构成

　　人体由骨骼、关节、肌肉等构成（图3-1）。人体表面覆盖着皮肤，皮肤下面有肌肉、脂肪和骨骼。所有骨骼借软骨和肌肉联系在一起，由各个关节系紧，保持稳定并发挥作用。整个结构一旦失去控制便会倒塌下来。

　　骨骼是人体的支架，人体共有206块骨头，其中有颅骨29块、躯干骨51块、四肢骨126块。人体重量大部分由骨骼承担，同时让肌肉自由地推进骨骼前进。骨骼对柔软的器官和身体各部分都起到保护作用。颅骨保护眼睛、脑和喉咙的内部；肋骨和骨盆保护着心、肺和其他器官。骨骼在外形上决定人体比例的长短、体型的大小以及各肢体生长的方向与形状，并通过关节行使各种运动。骨骼在外形上直接显现于皮下的部分称骨点，它是塑造人体各部分的重要标记。连接骨与骨之间的是关节，关节是人体活动的中心。全身关节有着不同的种类和形态，行使屈伸、内收、外展、回旋等运动。关节运动前和运动后在形态上起到了不同的改变作用，它是人体造型中至关重要的一部分。没有一块骨骼是笔直的，如果一只手臂或一条腿的骨骼画得完全笔直，那就显得死板和僵硬。骨骼的弯曲有利于表现人体的活动和节奏感，并富有生气。

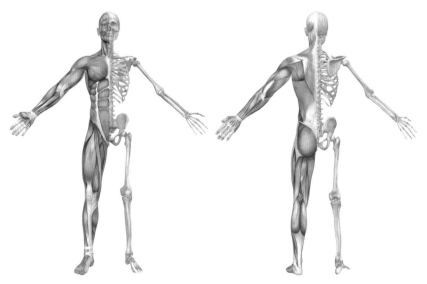

图 3–1　人体的基本构成

肌肉附着在骨骼和关节上，每块肌肉通常横跨一个或两个关节并长在邻近相接的两个骨面上。肌肉的收缩拉紧一般都能带动骨结构，由其收缩而牵引关节运动从而产生人体的运动，所以其外形特征在人的造型中起着决定性的作用。从造型的需要出发，研究肌肉时要注意肌肉的形状、位置和生长的起止点。一般肌肉起始处为固定点，在人体活动发力时肌肉便缩短、变硬，放松后使肌肉松弛、变软。

二、人体形体结构分解与组合

人体结构虽然复杂，但可以按人体各个部位的造型与构造归纳为多种几何形体。对其进行分解与组合，弄清它们相互组合的关系，这样就比较易于形象地记忆并深化对人体立体形态的理解。

一般来说，人体可以分为四大部分，即头部、上肢、下肢和躯干。人体的主要部分是躯干，它是构成人体结构最大的基础体块。躯干由颈部、胸部、腹部、背部构成；上肢由肩肘、手臂、手腕等组成；下肢由髋部、大腿、小腿、膝盖、脚踝组成。躯干骨包括脊柱、胸廓、骨盆三个部位，通过脊椎将胸廓与骨盆相连形成躯干形体。躯干上部分为倾斜立方体胸部，内有卵圆形胸廓支撑。胸廓上表面被四方形胸大肌所遮盖。下部由腹直肌和腹外斜肌与骨盆相连。躯干下部是呈相反方向的立方体，内有骨盆所支撑（图3-2、图3-3）。

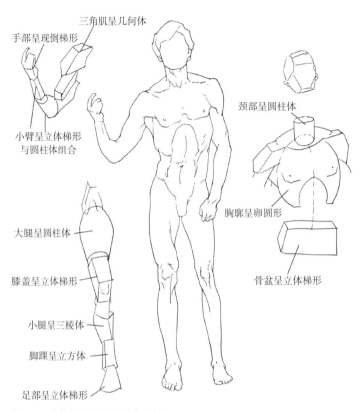

三角肌呈几何体

手部呈现倒梯形

小臂呈立体梯形与圆柱体组合

颈部呈圆柱体

大腿呈圆柱体

胸廓呈卵圆形

膝盖呈立体梯形

骨盆呈立体梯形

小腿呈三棱体

脚踝呈立方体

足部呈立体梯形

图3-2　人体躯干的形体结构分析1

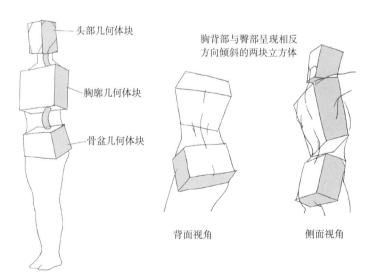

头部几何体块

胸廓几何体块

骨盆几何体块

胸背部与臀部呈现相反方向倾斜的两块立方体

背面视角

侧面视角

图3-3　人体躯干的形体结构分析2

颈部呈圆柱形，上托头部，下插胸廓。颈部前侧由胸锁乳突肌形成颈前三角，喉突位于其中。颈部背侧的颈椎两旁由斜方肌覆盖。头部是块立方体，由脑颅和面颜两部分组成，脑颅部呈卵圆形，面颜部在眼睛与颧骨之间是平的，嘴的部分变圆，下巴接近三角形。

上肢的肩部被三角肌包裹，正中骨点为肩峰。上臂的伸屈肌组成的形体与前臂伸屈肌组成的形体相互交叉。腕部与手部呈倒梯形。下肢的大腿呈圆柱形，小腿呈三棱形，在膝与踝两关节处呈方形。

在研究和学习了人体骨骼后，不难发现造成男女人体外形差别的主要原因是人体的骨骼结构。男女体型差别主要在躯干部，男性和女性的骨骼主要区别是骨盆和胸廓。因此研究躯干的内部结构和外形关系，对画好男女两性人体及服装、结构、制图都有很大的作用。由于生理原因，女性整体骨骼细小，肩骨较窄，胸部隆起，有较大的骨盆，腰线较长，臀部则丰满低垂。男性整体骨骼粗大，肩部较宽，有较大的胸廓，臀部狭小。将整个胸廓视作倒梯形，骨盆视作正梯形，男性形成的两个梯形上大下小，女性则上小下大，这是两者在结构上最为直观的区别（图3-4）。

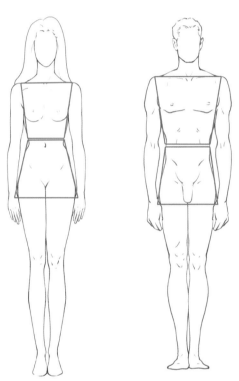

图3-4　男女躯干形体结构区别

第二节　时装画常用人体比例

服装设计手绘以绘画作为基本手段，通过丰富的艺术处理方式对时装进行升华。为了理想地展现设计师的创作意图，更好地展现时装效果，在绘制和设计服装时，所采用的人体往往是经过艺术处理后的身形比例。那么在绘制时装画时，了解人体比例有助于我们在绘制人体时进行更快速和更准确的定位。

如图3-5所示，左侧为大多数人的身长比例，大约7.5头身（有的为7头身）。而一些模特的身长比例约为8头身。其中，8头身以肚脐为界，上下身的比例为3：5，穿着高跟鞋的模特身长比例可达到8.5头身。在手绘中，也会有9头身的比例，9头身则是在8头身的基础上略微拉长下半身，使四肢显得更加匀称和修长，此身长比例适合用来表现大多数服装设计。本书中的案例大多采用的是8.5~9头身的身长比例。

时装画采用的人体绘制通常只是对人体骨骼转折的部位进行强调，肌肉表现处则平坦圆润，整体提取清晰流畅的线条轮廓。初学者在学习时装画时，应在把握人体基本结构、比例的基础上练习静态姿势，逐渐过渡到动态姿势，切忌过分扭曲人体动态或是过度拉长腿部比例。

本小节将让初学者在了解人体相关知识点后，通过建立模型的概念来理解复杂的人体构造，用几何图形将头部、胸腔、胯部、腿部的外形轮廓进行高度概括，一步到位掌握手绘时装画人体的关键要点。

一、女性人体基本比例与时装画常用比例

女性人体外观特征：从正面平视视角观察来看大致比例，女性肩部与胯部等宽或者略窄于胯部，注意这里的肩宽是两个肩峰点之间的距离。腰部向内收，身体躯干呈现匀称的沙漏型。从细节处来看，女性颈部较细，与肩部连接的曲线急转柔和，锁骨更为明显。四肢纤细修长，头部、手部和脚部相较于男性也更加精致小巧。

如图3-6所示，在线条表现上，由于女性体脂率相较男性更高，我们在绘制时通

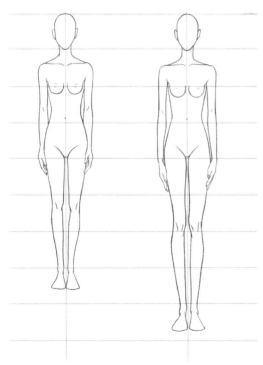

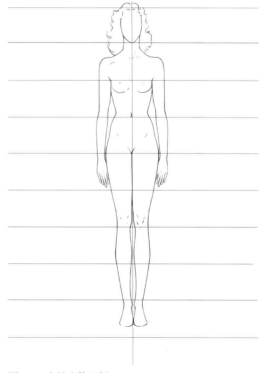

图3-5 时装画常用人体比例　　　　　　图3-6 女性人体比例

常会削弱骨骼和肌肉线条的转折，展现女性身形更为柔美的一面，不同时期女性人体比例也会略有变化。

除了正面视角，我们通常还能看到斜侧面、正侧面以及背面，如图3-7所示，从侧面视角观察女性人体可以看出：胸部前挺，臀部后翘，女性轮廓整体起伏大、曲线感明显，且正侧面呈现出"S形"曲线。

二、男性人体基本比例与时装画常用比例

男性人体外观特征：从正面平视视角观察来看大致比例，男性肩部比女性肩部宽阔，且肩部明显比骨盆宽，注意这里的肩宽仍然是两个肩峰点之间的距离。腰部内收不明显，身体躯干呈现倒梯形。从细节处来看，男性颈部较粗，与肩部连接的线条平坦。男性骨骼粗壮、四肢健硕有力，头部、手部和脚部相较于女性比例更大。

如图3-8所示，在线条表现上，由于男性肌肉量更多，骨架宽大、骨骼感更强，我们在绘制时通常用方直的线条强调骨骼和肌肉线条的转折，展现男性身形更为阳刚、有力量感的一面，不同时期男性人体比例也会略有变化。

从斜侧面、正侧面来看男性人体，男性胸部呈方形，虽有胸肌，但比女性更加平坦，乳头位置比女性略高（图3-9）。

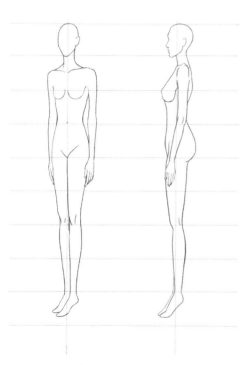

图3-7　女性人体斜侧面、正侧面

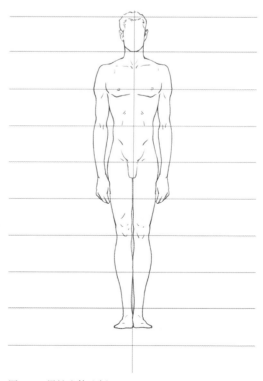

图3-8　男性人体比例

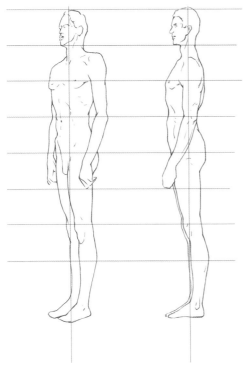

图3-9 男性人体斜侧面、正侧面

三、儿童人体基本比例与时装画常用比例

人体在发育为成人状态之前会经历婴儿、幼儿、少年和青年几个时期，在这几个阶段人体发育快速，表现为身形变化明显。

幼童的身形外观是头大身小，肩部窄，四肢粗短可爱，腰部通常无向内趋势，整体身形圆润，体脂率高，无肌肉线条，男女童无明显性别差异。随着年龄的增长，四肢和身体不断变长，头肩比例更加协调，男女童在性别差异上也会更加明显。以头长来估量身高，婴儿时期，身高为3~4个头长；幼儿时期，身高为5~6个头长；少年时期，身高为6~7个头长；青年时期，身高为7~8个头长。青年时期基本与成年比例类似，性别特征逐渐凸显，但因身体还未完全成熟，身体也会更加瘦小（图3-10）。

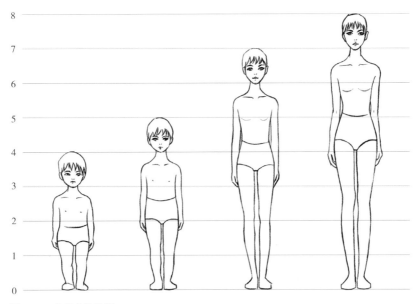

图3-10 儿童人体比例

第三节 人体动态表现

生活中，人体动态是多种多样的，但在绘制时装画或进行服装设计创作时，常用的人体动态并不多，有的会选取静态人体来表现服装的款式特征以及款式细节；有的会选取动态人体来展示穿着后的服装效果。本小节将详细讲解一些常用的静态人体和动态人体。

一、静态人体表现

如图3-11所示，以8.5头身比例为标准，初学者绘制正面站姿时，我们可以先将画面高度等分为9份，方便以头长为基准把控人体比例的准确性。呈正面站姿时，人体的中心线和重心线重合，重心落于两脚之间。

静态人体具体绘制及详解如下：

第一个头长处，头部的长宽比约为3：2，可先画一个矩形，将其分为两等份，第一等份的1/2处约为耳朵最上方，第二等份的2/5处约是下颌的转折处，下颌角向内略收。

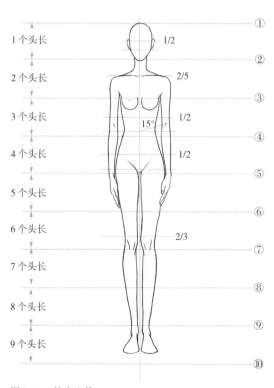

1 个头长
2 个头长
3 个头长
4 个头长
5 个头长
6 个头长
7 个头长
8 个头长
9 个头长

图3-11 静态人体

第二个头长处，在2/5处做辅助线，此处是颈部结束的最低点处，同时也是肩部位置。女性两个肩峰点的距离是头宽的两倍，男性的头肩比为1/2.5至1/3，注意锁骨的转折感。

肚脐点位于第三个头长处，为优化比例，我们将实际的肚脐点确定在第四条线的上方一点，将第三个头长部分分为两等份，在第二等份的2/3处做辅助线，此处是肚脐点，同时在此处腰部内收，辅助线处做15°锐角，双臂正常垂落的情况下，连接大臂和小臂的手肘落于此处。

第五条线叫臀底点，将第四个头长部分二等分，为优化比例，在4/5处做辅助线，此处为手腕和臀底位置。

第六条线位于大腿中部。

第七条线位于膝盖下方，注意腿部的绘制要有整体意识，膝盖连接大腿和小腿，脚踝连接小腿和足部，因此我们可以将膝盖和脚踝作为定位点。脚踝位置应比膝盖位置更靠近中心点和重心点，整个大腿中线应该为一条斜直线，避免形成O形或X形腿。

绘制腿部时，先将大腿根部与脚踝连接做辅助线，从而确定膝盖位置，在第六个头长部分的2/3处做辅助线，进一步确定膝盖位置，注意保持膝盖不要内扣或者外扩。

第七个头长处是小腿腿肚位置，小腿腿肚处肌肉外高内低，同时注意大腿肌肉线条起伏，脚踝处则保持内高外低。

第九个头长处是足部位置，足部穿着不同高度的鞋子正面视觉效果不同，鞋跟越高，露出脚面面积越大。最后观察画面整体，注意画面中脚踝的宽度不可过于纤细，略宽于手腕。

注意：绘制人体躯干时注意几何轮廓的概念，女性胸腔呈倒梯形，骨盆呈正梯形，胯部最宽点略宽于或者等于肩宽。男性可将整体躯干概括为倒梯形。

二、动态人体表现

在绘制动态人体之前，我们需要学习和了解影响人体动态造型的两个基本因素，也就是中心线和重心线。中心线是从人体锁骨窝点到胸窝点再到肚脐的一条直线，相当于人体的骨架结构线，并随身体动态变化。重心线是指经过人的锁骨窝点且垂直于地面的线，一般情况下，重心线会落在承受力量的脚上。不同的人体动态，其中心线和重心线也会发生相对应的变化。

（一）中心线与重心线

当人体垂直站立，肩部与地面平行时，中心线与重心线是一条线，都与地面垂直，此时的重心点落在双脚之间；当人体肩部向一侧倾斜站立时，中心线和重心线会分离开，而此时的重心点会落在肩部倾斜一侧承受力量的脚上。

在绘制动态人体以及静态人体时，一定要根据中心线和重心线以及重心点来协调肩、腰、臀之间的结构关系，一般可选用类似于"<"和">"的符号来区分，如图3-12所示。在发生变化和走动时，中心线和重心线分离，重心线会偏移到"<"和">"符号缩小的方向。

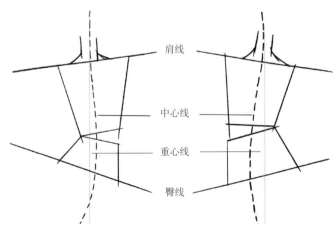

肩线
中心线
重心线
臀线

图3-12　人体中心线

　　在进行时装画绘制或服装设计时，第一步就要确定人体的重心线，它垂直于画面且贯穿人体重心，通过它可以比较清晰地判断出人体动态是否稳定，有没有倾斜等。不论站立的姿态如何变化，人的重心线一般都保持不变，且呈正面的站姿，其重心线都会经过锁骨的中心点，重心脚垂直于地面（图3-13）。而人在走动时，随着身体结构发生变化，一般情况下中心线都会穿插在重心线的两侧（图3-14）。

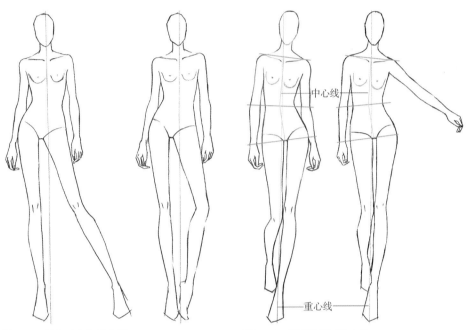

图3-13　站姿动态与重心线　　　　　　图3-14　走动动态与重心线

（二）动态人体绘制

　　由于身体摆动后会产生一定的比例透视变化，因此绘制时不能完全照搬静态人体，如图3-15所示。

　　动态人体重难点详解如下：

　　（1）人体躯干跟随人体中心线一起偏移。

　　（2）支撑身体重心的那条腿靠近或者落在重心线上。

　　（3）胸腔与腰胯倾斜方向相反。

　　（4）A、B、C三条线保持平行，头部可稍微偏斜，D、E、F三条线保持平行，注意膝盖的位置，在F线上方。

　　（5）走动状态下，手臂和腿部会发生透视上的变化。图3-15中的左臂由于肩部的倾斜，左臂手腕低于臀底线，右臂手腕高于臀底线，右腿的小腿部位由于抬高也要相应的在视觉上缩短，并且小腿处肌肉更加明显。

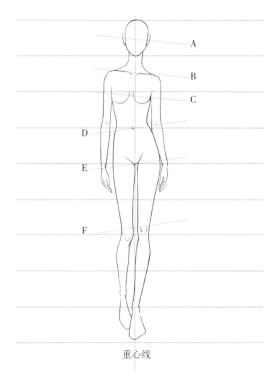

重心线

图3-15 动态人体

（三）常见人体动态展示

人体动态多种多样，下面是一些常见的人体动态展示，也可作为临摹、学习的对象（图3-16、图3-17）

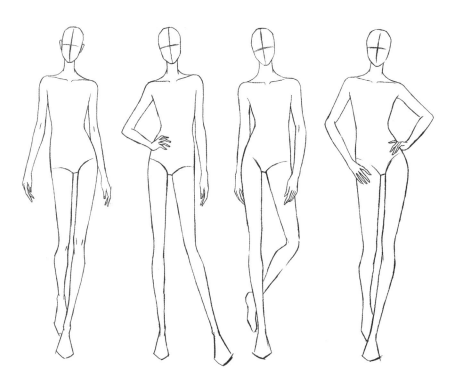

图3-16 常见人体动态展示1

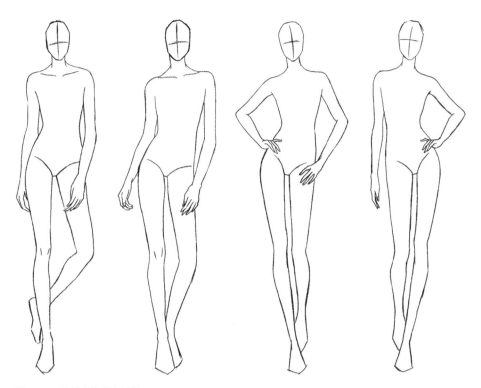

图 3-17　常见人体动态展示 2

本章小结

- 服装的造型状态，面料或是飘逸或是堆积都与穿着者的动态姿势紧密相关，对人体外形规律的掌握是研究服装画的第一课，是塑造服装画面的基本功。

- 从人体工程学角度来说，服装不仅要符合人体造型需要，还要符合人体运动时的需要，合理且优质的服装穿着舒适合体，且便于人们四肢活动，给生活带来便捷。

- 穿着高跟鞋的模特身长比例可达到 8.5 头身，在手绘中，也会有 9 头身比例。9 头身一般是在 8 头身的基础上略微拉长下半身，使下肢显得更加匀称和修长。

- 中心线是指从人的锁骨窝点、胸窝点至肚脐处的线，相当于人体的骨架结构线，会随着人体动态的变化而变化。

- 重心线是指经过人的锁骨窝点且垂直于地面的线，一般情况下，重心线会落在承受力量的脚上。

- 不同的人体动态，其中心线和重心线也会发生相对应的变化。

思考题

1. 人体结构最重要的三点是什么？
2. 大多数时装画中，表现服装设计的人体比例为几头身？
3. 男性人体与女性人体之间有哪些差别？
4. 重心线与中心线之间的结构变化有哪些？

第四章
手绘人体头部及四肢的表现

课题名称：手绘人体头部及四肢的表现。

课题内容：从正面、侧面以及3/4的角度讲解头部的表现，系统地研究头部五官的结构及表现技法；按照头部的不同设计绘制头发。同时侧重于四肢（手臂、手、腿和脚）的结构说明和步骤详解。

课题时间：10课时。

教学目的：在人体比例正确的基础上，完善头部及四肢的表现。

教学方式：示范教学、实践操作。

教学要求：掌握不同角度的头部以及不同姿势下的手臂、手、腿部和脚的变化，绘制出完美、流畅的线条。

课前（后）准备：课前准备铅笔、橡皮和纸张；课后进行大量的实践练习，同时上网查询绘制资料或视频进行拓展补充。

在服装设计及手绘表现中除人体比例外，头部和四肢的表现既是重点也是难点。想要绘制出美观又有艺术性的服装设计效果图，一定要先练习好这两部分。

头部包含头型、五官和发型三部分，其中五官可细分为眼睛、鼻子、嘴巴和耳朵，发型也可分为长发、短发、卷发等造型。头型、五官和发型三者的组合构造了我们见到的头部整体，因此，若要绘制出完美的头部，需要掌握不同角度的头部、五官和发型。四肢主要由手臂、手、腿和脚四部分组成，四肢的绘制需要对骨骼结构和肌肉组织有一定的掌握和了解，同时根据男性和女性之间的肌肉差别绘制出流畅完美的线条。

头部和四肢的绘制是有方法可循、有规律可找的，本章主要对人体头部和四肢进行详细讲解，练习时可以先从局部开始，再结合第三章的人体比例和动态人体进行独立的完整人体绘制。也可先按照书中的参考步骤进行练习，熟练后再按照自己的方式进行调整。

第一节　头部的表现

头部在整个服装设计与手绘表现中非常重要，在上一章手绘人体基础中，我们就通过头部的长宽比例来确定时装画的人体比例。头部除了可以作为人体比例参考以外，还对整体时装画的美观程度产生重要的影响。如果头部的透视及五官比例把握不准确，就会让整体时装设计大打折扣，甚至影响整体效果。因此在学习和绘制时装画的过程中，先要对头部有很好的了解，初学者可掌握一些常见的头部角度，如正面、侧面、3/4等，也可在此基础上进行更有难度的仰视和俯视。

一、正面头部表现

美术中会将人的头分为"三庭五眼"的比例关系。何为"三庭五眼"？一般我们是以头部的中轴线为基准，"三庭"指的是将脸的长度分为三等份，即发际线到眉毛——眉毛到鼻底——鼻底到下颚；"五眼"是指以一个眼睛的宽度为标准，将脸部最宽的地方分为五等份。

正面头部的绘制步骤如下（图4-1）。

步骤一：先画出一个长方形，确定头部的长和宽，头宽一般比头长的1/2略宽一点，再画一条竖着的中轴线。

步骤二：根据"三庭五眼"的方式，找到眉毛和鼻底，眼睛的位置在眉毛下，同时刻画出脸型。

步骤三：绘制眼睛、鼻子、嘴巴和耳朵的大体轮廓，注意控制眼睛的宽度。

步骤四：绘制出五官的细节。

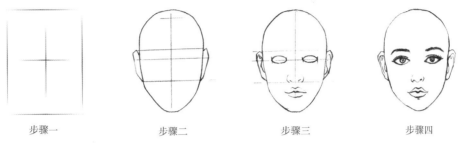

步骤一　　　　　　　步骤二　　　　　　　步骤三　　　　　　　步骤四

图4-1　正面头部绘制步骤

二、正侧面头部表现

与正面头部相比，正侧面的后脑勺占据了大部分视觉比例，同时在五官上，面部相对狭窄，轮廓起伏明显，受到侧面透视影响，眼睛、鼻子和嘴巴都产生了透视效果。

正侧面头部的绘制步骤如下（图4-2）。

步骤一：先绘制出一个向前倾斜的近似椭圆形的形状，脖子的倾斜方向与头部正好相反（反向倾斜）。标注出眼睛、鼻子和嘴巴的位置，眼睛约在头部1/2处，以眼睛的位置为基准找到鼻子、嘴巴和耳朵的位置。

步骤二：细化五官的具体形状。在细化的时候需要注意，此时眼睛、鼻子、嘴巴都因透视产生了变化，有一定的倾斜角度，但是不用过度倾斜。

步骤三：在五官处侧面凸起最明显的地方勾画眉毛，长度约为正面眉毛的一半，同时进一步调整五官的细节直到完成绘制。

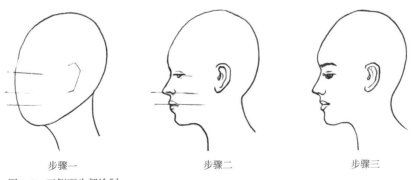

步骤一　　　　　　　　步骤二　　　　　　　　步骤三

图4-2　正侧面头部绘制

三、3/4侧面头部表现

3/4的侧面头部角度相对前两种而言有一定的难度，该角度不像正面五官那样对称，也不像侧面那样只需绘制一半，在这个角度下产生的透视会根据脸部的曲面而有所变形，因此找准透视线是最重要的。

3/4侧面头部的绘制步骤如下（图4-3）。

步骤一：绘制3/4角度的头部外轮廓，在面部绘制眼睛、鼻子、嘴巴以及人中线的辅助线，值得注意的是，四条辅助线都要根据头部侧转的方向呈弧线。

步骤二：根据辅助线画出眼睛、眉毛、鼻子和嘴巴的大体廓形。受透视的影响，面部转向的一侧，五官都要比另外一面略微短小一些，不能出现和正面一样等长的效果。

步骤三：调整五官的细节直到完成细节刻画。

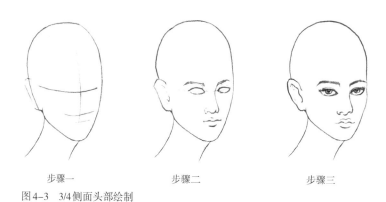

步骤一　　　　　　　　步骤二　　　　　　　　步骤三

图4-3　3/4侧面头部绘制

第二节　五官的表现

五官特指人的面貌长相，本书中指的是眼睛、鼻子、嘴巴和耳朵四部分。通常会用"五官端正""五官精致"形容一个人的美貌，由此看来，五官对于整个容貌来说是很重要的，人们也常以此来判断一个人的长相。五官中的五部分缺一不可且互相关联，若头部发生了角度和透视变化，五官也会跟随头部的角度而产生对应的透视变化。五官在头部中占有一定的比例，因此在绘制整体头部时要找准五官的位置和大小。

一、眼睛的表现

眼睛是整个头部中最能表现人物表情的部分，同时也决定着人物的面部容貌和魅力。大部分时装画都会通过眼睛来传递精气神，因此抓住眼睛的特征，就能更好地表现人物的气质。

接下来几个案例都是女性的眼睛，但在透视上是不分性别的，男女的区别在于男性的眉毛与眼睛的距离更近，且眉毛比女性浓密，眼睛棱角更分明。

（一）正面眼睛的表现

正面眼睛形似一个橄榄球，中间圆、两头尖，在绘制的时候需要注意眉毛与眼睛的关系。正面眼睛的绘制步骤如图4-4所示。

步骤一：先用概括性的线条画出眼睛、眉毛的基本轮廓（可以用直线表现），眼角到眼尾之间是一条微向上仰的斜线。

步骤二：绘制眼睛的具体形状，找到眼球、瞳孔、眉毛位置，绘制出眉毛的走向（注意毛发的质感）。

步骤三：注重眼睛和眉毛的细节，除毛发感外，还需注意眼睛的通透感和逼真感，把握好虹膜和明暗关系等。

　　　步骤一　　　　　　　步骤二　　　　　　　步骤三

图4-4　正面眼睛的绘制

（二）半侧面眼睛的表现

绘制半侧面眼睛需要注意透视关系，眼睛前侧较扁，后侧较圆，若是在绘制双眼时，需要注意两眼之间的距离。半侧面眼睛的绘制步骤如图4-5所示。

步骤一：先用概括性的线条画出眼睛、眉毛的基本轮廓。

步骤二：绘制眼睛的具体形状，找到眼球、瞳孔和眉毛的位置，绘制出眉毛的走向。

步骤三：调整眼睛的整体效果、明暗关系，绘制出逼真、生动的眼睛。

　　步骤一　　　　　　　步骤二　　　　　　　步骤三

图4-5　半侧面眼睛的绘制

（三）正侧面眼睛的表现

受角度和透视的影响，正侧面的眼睛通常只能看到一只，在形状上也与正面和半侧面完全不一样。正侧面眼睛的绘制步骤如图4-6所示。

步骤一：确定眼睛和眉毛的位置，可以把眼睛想象成一个三角形，利用三角形的框架绘制眼睛的基本轮廓。

步骤二：绘制眼睛的具体形状，找到眼球、瞳孔和眉毛的位置，绘制出眉毛的走向。

步骤三：调整眼睛的整体效果、明暗关系，绘制出逼真、生动的眼睛。

步骤一　　　　　　　　　　步骤二　　　　　　　　　　步骤三

图4-6　正侧面眼睛的绘制

（四）各个角度的眼睛表现

我们在绘制时装画时，模特的眼睛并非只有上述三种角度和状态，每个人的外貌不同，眼睛的形状也各异，因此除以上三种常见的眼睛表现形式外，还需要掌握和观察其他的眼型（图4-7）。

二、鼻子的表现

时装画中，绘制鼻子的风格有多种，然而最难的是，既要准确地绘制出鼻子的结构又不能喧宾夺主，影响五官的整体效果，因此鼻子整体的绘制在于简化结构。为了表现鼻子的立体感和挺拔感，通常会在鼻底适当添加阴影，让鼻头更立体。

（一）正面鼻子的表现

正面鼻子的绘制步骤如图4-8所示。

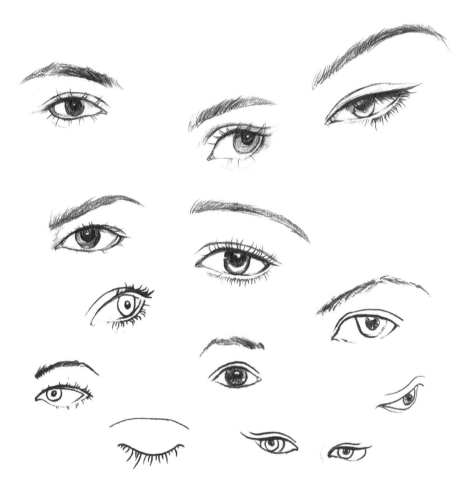

图4-7　各个角度的眼睛表现

　　步骤一：用概括简洁的线条，确定正面鼻子的大小、比例关系，接着找到鼻孔、鼻头和鼻梁的位置，鼻孔和鼻头的位置一般位于三角形的水平横线处。

　　步骤二：擦淡辅助线，用流畅的线条绘制出鼻子的具体形状，注意鼻子的对称性。

　　步骤三：进一步加深细节。

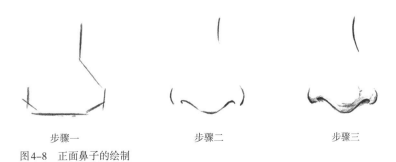

步骤一　　　　　　　步骤二　　　　　　　步骤三

图4-8　正面鼻子的绘制

（二）正侧面鼻子的表现

正侧面的鼻子要尽可能地表现得高挺，因此需要特别注意鼻骨和鼻球凸起的位置和大小，正侧面鼻子的绘制步骤如图4-9所示。

步骤一：用概括简洁的线条，确定鼻子的大小、比例关系，注意鼻骨和鼻球凸起的形态。

步骤二：擦淡辅助线，用流畅的线条绘制出鼻子的具体形状，正侧面只需绘制一边的鼻孔即可。

步骤三：进一步加深细节。

步骤一　　　　　　步骤二　　　　　　步骤三

图4-9　正侧面鼻子绘制

（三）3/4面鼻子的表现

在绘制3/4面鼻子时，需要注意鼻孔的透视关系，3/4面鼻子的绘制步骤如图4-10所示。

步骤一：用三角体表示鼻骨、鼻球和鼻孔的比例关系，同时要表现出鼻孔的透视比例。

步骤二：擦淡辅助线，用流畅的线条绘制出鼻子的具体形状。

步骤三：进一步加深细节。

步骤一　　　　　　步骤二　　　　　　步骤三

图4-10　3/4面鼻子的绘制

（四）不同形态的鼻子表现

每个人的外貌不一，鼻子也各异，因此除以上三种常见的鼻子外，还需要掌握其他形态鼻子的绘制方法（图4-11）。

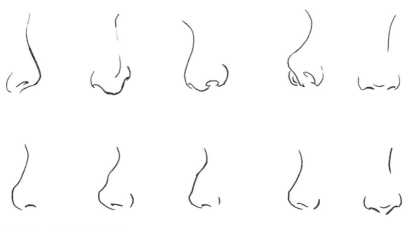

图4-11 不同形态的鼻子

三、嘴唇的表现

嘴唇通常用来表达模特的心情，张开的嘴巴看上去会比闭合的性感。嘴唇由上嘴唇和下嘴唇组成，唇中线类似一个W的形状，一般下嘴唇比上嘴唇厚，嘴角微微上翘，因此在绘制过程中，需要留意唇形和体积感，可以重点强调上下唇相接的位置。

（一）正面嘴唇的表现

正面嘴唇的绘制步骤如图4-12所示。

步骤一：用矩形来确定嘴唇的位置和大小，注意下唇比上唇稍宽一点

步骤二：擦淡辅助线，用流畅的线条绘制出嘴唇的具体形状

步骤三：进一步添加细节，刻画嘴唇的丰满和体积感

步骤一　　　　　　　　步骤二　　　　　　　　步骤三

图4-12 正面嘴唇的绘制

（二）正侧面嘴唇的表现

正侧面的嘴唇只需绘制一半，绘制步骤如图4-13所示。

步骤一：用清淡的线条确定嘴唇的位置和大小，注意上下唇的比例，以及嘴角的处理。

步骤二：加深嘴唇轮廓和中缝线。

步骤三：进一步注重刻画细节。

步骤一　　　　　　　　步骤二　　　　　　　　步骤三

图4-13　正侧面嘴唇的绘制

（三）3/4面嘴唇的表现

3/4面嘴唇的绘制重点在透视关系和近大远小的比例处理上，3/4面嘴唇绘制步骤如图4-14所示。

步骤一：用清淡的线条绘制出嘴唇的位置和大小，此时可以适当地夸大下唇。

步骤二：加深嘴唇轮廓和中缝线，远处的嘴唇做淡化处理。

步骤三：进一步注重刻画细节。

步骤一　　　　　　　　步骤二　　　　　　　　步骤三

图4-14　3/4面嘴唇的绘制

（四）不同形态的嘴唇表现

每个人的外貌不一，嘴唇形状也各异，因此除以上三种常见的嘴唇外，还需要掌握其他形态嘴唇的绘制方法（图4-15、图4-16）。

图4-15　不同形态的嘴唇绘制1

图4-16　不同形态的嘴唇绘制2

四、耳朵的表现

首先我们需要了解耳朵的构成，耳朵由耳垂、耳轮、耳屏和耳窝四个部分组成，廓型类似一个问号的形状。在绘制耳朵时，需要找准它在整个头部的位置，一般最高点和最低点都会通过眉毛鼻底的横向关系来定位。

（一）正面耳朵的表现

正面耳朵的绘制步骤如图4-17所示。

步骤一：找准耳朵的外轮廓，用概括的线条勾勒出耳朵的大致形状。

步骤二：勾画出耳朵内部的结构。

步骤三：勾画阴影关系，突出体积感。

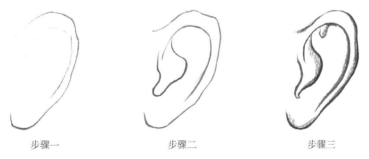

步骤一　　　　　　　　步骤二　　　　　　　　步骤三

图4-17　正面耳朵的绘制

（二）侧面耳朵的表现

侧面耳朵的绘制步骤如图4-18所示。

步骤一：确定耳朵的位置和大小，用概括的线条勾勒出耳朵的大致形状。

步骤二：勾画出耳朵内部的结构。

步骤三：勾画阴影关系，突出体积感。

（三）背面耳朵的表现

背面耳朵相对来说比较简单，看不到复杂的内部结构，因此准确的外轮廓形状也就成了最重要的部分，在外轮廓准确的基础上，再用线条勾画出阴影，突出立体感，背面耳朵的绘制如图4-19所示。

（四）不同角度的耳朵表现

每个人的外貌不一，耳朵形状也各异，因此除以上三种常见的耳朵角度外，还需要掌握其他形态耳朵的绘制方法，如图4-20所示。

第三节　发型的表现

发型是整个头部非常重要的一部分，它不仅能修饰人的脸型，还能提升人的气质，同时还能影响到整体的服装搭配。在绘制发型的时候，需要把头发作为一个整体去思考，头发虽然是一根一根的状态，但因覆盖在类似球体的头部上，会有明暗关系，因此我们需要找到这些明暗关系，用粗细、虚实结合的线条表现头发的层次感。

步骤一　　　　步骤二　　　　步骤三

图4-18　侧面耳朵的绘制

步骤一　　　　步骤二　　　　步骤三

图4-19　背面耳朵的绘制

图4-20　不同角度的耳朵绘制

一、短发的表现

短发一般是指不超过肩膀长度的头发。如图4-21所示的短发，可以将其分成三个块面，头顶部分尽量表现出头发的蓬松感，靠后脑勺的发丝可以适当地省略。

步骤一：绘制头部的基本形状，确定短发的长度，用概括性的线条简单地勾画出头发的朝向，也就是简单地将整个发型分为几个块面。

步骤二：对发型勾画出细节走势，区分明、暗部分。

步骤三：进一步刻画发型的明暗关系，亮部不需画太多发丝质感，暗部靠后脑勺处可做虚化处理。

步骤一 步骤二 步骤三

图4-21 短发的绘制

二、长发的表现

长发更能凸显女性的温柔和娴静之美。图4-22中的长发是常见的发尾处带有波浪卷的发型，头顶部分没有太多的发缕划分，刻画的重点都在头发下端的"波浪"上，在线条的排列中需要做到疏密结合，主动寻找明暗之间的变化。

步骤一 步骤二 步骤三

图4-22 长发的绘制

步骤一：绘制头部的基本形状，确定头发的长度，用概括性的线条简单地勾画出头发的大致轮廓。

步骤二：勾画出细节走势，特别是发尾处。

步骤三：进一步刻画发型的明暗关系，突出体积感。

三、卷发的表现

在外观上，卷发会有比较大的起伏变化，头发整体显得比较蓬松，根据卷曲的程度不一，有大波浪卷和小波浪卷之分。卷发发缕之间层叠、穿插和起伏关系相对复杂，因此在绘制卷发时笔触需灵活多变，通过叠压处理显得头发灵动飘逸。卷发的绘制步骤如图4-23所示。

步骤一：绘制头部的基本形状，确定头发的长度，用概括性的线条简单地勾画出头发的大致轮廓。

步骤二：勾画出卷发具体走势，需要注意发缕之间的层叠关系。

步骤三：进一步刻画发型的明暗关系，突出体积感。

步骤一　　　　　　　　　　步骤二　　　　　　　　　　步骤三

图4-23　卷发的绘制

四、马尾头发的表现

用一条皮筋将头发全部梳在后脑勺处，这种发型称为马尾。马尾若靠近上端是高马尾，靠近颈部则是低马尾，扎马尾是女生最常见的发型。马尾发型的绘制具体步骤如图4-24所示。

步骤一：绘制头部的基本形状，确定头发的长度，用概括性的线条简单地勾画出头发的大致轮廓。

步骤二：勾画出扎起来的马尾处和头发的具体走势，注意两个部分的线条走向是不一样的。

步骤三：进一步刻画发型的明暗关系，突出体积感。

步骤一　　　　　　　　　　步骤二　　　　　　　　　　步骤三

图4-24　马尾头发的绘制

五、盘发的表现

将头发盘起来的造型称为盘发，可以盘成一个发髻，也可以盘成两个发髻。在绘制盘发时需要注意发髻之间的穿插关系，盘发的绘制步骤如图4-25所示。

步骤一：绘制头部的基本形状，确定头发的长度，用概括性的线条简单地勾画出头发的大致轮廓。

步骤二：勾画出发型的细节走势。

步骤三：进一步刻画发型的明暗关系，突出体积感。

步骤一　　　　　　　　　　步骤二　　　　　　　　　　步骤三

图4-25　盘发的绘制

第四节 完整头部的表现

在研究完整头部绘制的时候，要充分考虑眼睛、鼻子、嘴巴、耳朵和发型之间的整体性，正面、正侧面以及3/4侧面的透视既是重点也是难点。除此之外，针对不同的人种，头部的绘制也会不同，要分析头部之间的差异变化，学会不同角度、不同性别的头部绘制方式。

一、完整头部的设计表现

完整头部的绘制步骤如图4-26所示。

步骤一：绘制头部的基本形状，确定头发的长度，用概括性的线条简单地勾画出头发的大致轮廓，用三庭五眼的方式找到眼睛、眉毛、鼻子的位置。

步骤二：勾画出发型的细节走势，画出眼睛、鼻子和嘴巴的大致轮廓。

步骤三：仔细绘制发型和眼睛部分。

步骤四：进一步刻画明暗关系，表现头部的立体感。

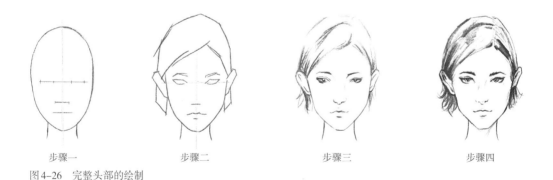

步骤一　　　　　　　步骤二　　　　　　　步骤三　　　　　　　步骤四

图4-26　完整头部的绘制

二、不同头部的设计表现

世界上很难找到两个完全一样的头部，因此在绘制完整头部的时候，我们需要刻意地勾画不同的发型、不同的头型、不同的眼睛轮廓等，来设计多个模特头部，不同头部的绘制如图4-27、图4-28所示。

图4-27　不同头部的设计表现1

图4-28　不同头部的设计表现2

第五节　四肢的表现

人体的四肢由手臂、手、腿和脚四个部分组成，是人体的重要组成部分，通常能通过四肢来表现人体的纤细和苗条感。想要绘制高质量的时装画，必须对四肢的结构和画法有足够的了解和掌握，下面将分别对四肢的各个部位进行详细的说明。

一、手臂的表现

男性与女性的手臂有细微差别，在表现女性手臂时要避免棱角分明的线条，肌肉之间的变化也需微妙地刻画。

（一）手臂结构和透视

在绘制手臂之前，我们需要对手臂的结构有一定的了解，将它分成不同的结构形状进行学习，找到其中的规律。人体的肩部主要由锁骨和肩胛骨组成，手臂上涉及许多肌肉结构，从而使手臂产生细致多变的形态（图4-29）。手臂在弯曲或某种姿态下会产生一定的透视，如图4-30所示。

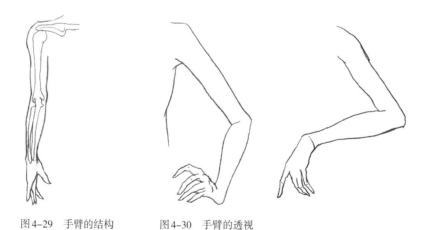

图4-29　手臂的结构　　　图4-30　手臂的透视

（二）手臂的设计表现

这里分女性手臂和男性手臂两种，其绘制步骤都是一样的，唯一的区别在于男性手臂着重表现肌肉的力量感，而女性手臂着重表现纤细感。手臂的绘制步骤如图4-31、图4-32所示。

步骤一：用概括性的线条绘制出大臂、小臂和手掌之间的结构关系。

步骤二：用流畅的线条绘制手臂大致轮廓。

步骤三：加上手的动态，做进一步的细节刻画。

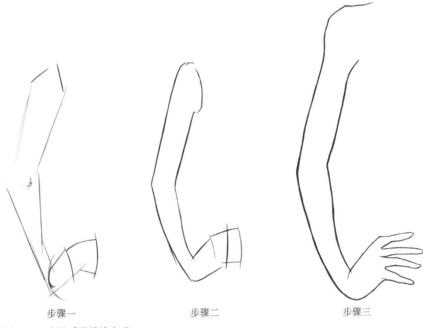

步骤一　　　　　　　　步骤二　　　　　　　　步骤三

图4-31　女性手臂设计表现

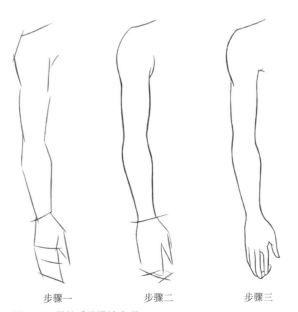

步骤一　　　　　　步骤二　　　　　　步骤三

图4-32　男性手臂设计表现

（三）不同动态的手臂

手臂的动态有许多种，任何一个关节的摆动都能带来不同形态的手臂，因此需要针对不同动态的手臂加强练习，如图4-33、图4-34所示。

图4-33　不同动态的女性手臂

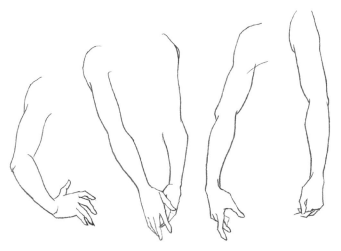

图4-34　不同动态的男性手臂

二、手的表现

手被称为人的"第二张脸"，一双漂亮的手会给整体画面带来锦上添花的作用。许多人在绘制手部时会不太自信，不敢去表现，其实只要对手部结构有足够了解，巧用方法，就能绘制出一双漂亮的手。

（一）手部结构和透视

想要绘制一双漂亮又修长的手，就必须对手部的骨骼和结构有一定的了解。一般在绘制时会把手分为两个部分——手掌和手指，这两部分的长度基本相等。手指又可细分成五个指头，需要注意的是，四个手指的长度是不一样的，指关节均呈弧形排列，并不是在同一条水平线上，如图4-35所示。

图4-35　手部结构图

（二）手的设计表现

手部肌肉并不发达，因此骨骼不会特别明显，这也是绘制手部时需要注意的重点，既不能太突出骨骼又不能完全没有骨骼的体现。具体绘制步骤如图4-36、图4-37所示。

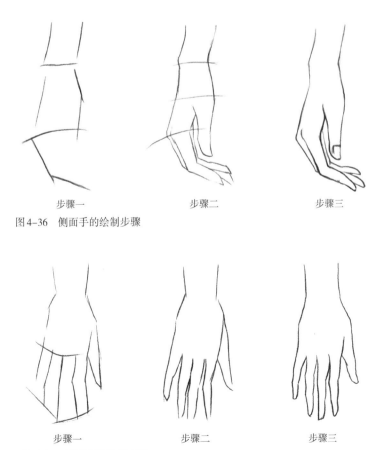

步骤一　　　　　　步骤二　　　　　　步骤三

图4-36　侧面手的绘制步骤

步骤一　　　　　　步骤二　　　　　　步骤三

图4-37　正面手的绘制步骤

步骤一：用简单的线条绘制出手臂、手掌和手指之间的结构关系。

步骤二：勾画出所见手指的形态。

步骤三：刻画手指细节，增加真实性。

（三）不同形态的手

手的动态灵活多变，且活动关节较多，因此需要针对不同形态的手加强练习，如图4-38所示。

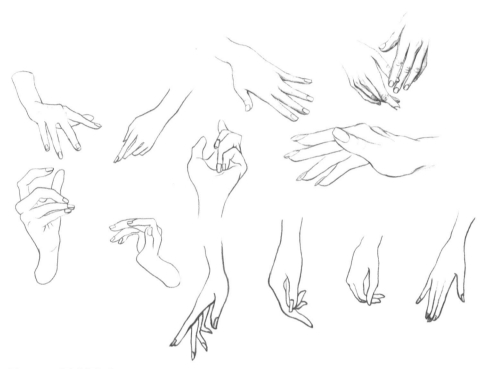

图4-38　不同形态的手

三、腿的表现

在时装画中，无论男女都会有一双纤细修长的美腿，完美的腿型和比例能够给时装画整体起到加分的作用。在自然直立的状态下，小腿受力较大，整体会呈现向内收拢的状态（图4-39）。若重心放在一条腿上，所承担重力的腿对应的臀部肌肉会较圆润（图4-40）。

腿部的动态多样，但在时装画中，我们只需掌握一些常见的站立和行走的腿部动态即可（图4-41、图4-42）。

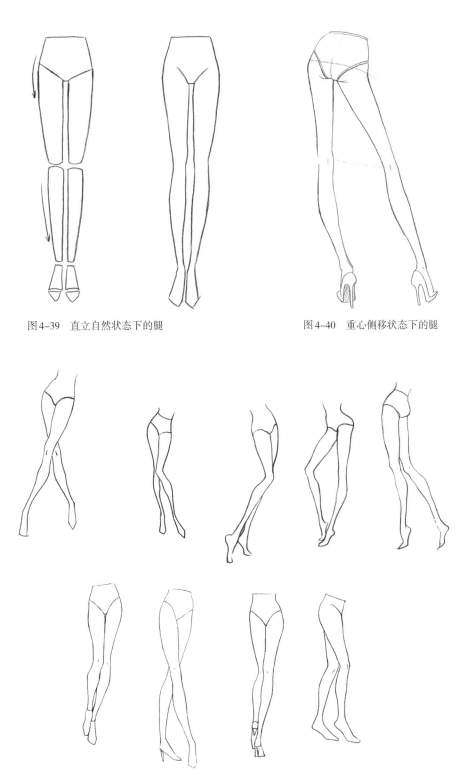

图4-39 直立自然状态下的腿

图4-40 重心侧移状态下的腿

图4-41 女性不同腿部动态表现

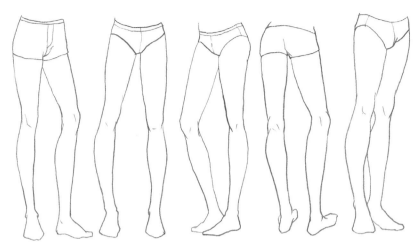

图4-42 男性腿部不同动态表现

四、脚的表现

不论人体是站立还是进行各种活动，脚都是重要的支撑点，正确绘制脚有利于塑造人体站姿的稳定性。在绘制完美的双脚之前，也需对脚的结构和透视有清晰的了解。

（一）脚的结构和透视

脚由脚踝、脚趾、脚骨和脚跟四个部分组成（图4-43）。与手指一样，脚趾也按照弧形排列。从正面看，内脚踝高于外脚踝，从侧面看，脚后跟、脚背和脚趾构成了一个拱形。值得注意的是，脚背的透视和绷起的弧度，会随鞋跟的高低变化而不同。

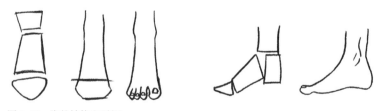

图4-43 脚的结构和透视

（二）脚的设计表现

与手相比，绘制脚时要注意脚趾、脚背和脚后跟三者之间的关系和转折，脚的绘制步骤如图4-44所示。

步骤一：用几何形状和简单的线条，绘制出类似一个三角形的基本轮廓。

步骤二：用流畅的线条勾画出所见脚部的形态。

步骤三：刻画脚趾细节，增加真实性。

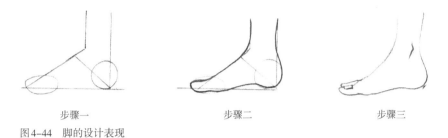

步骤一　　　　　　　　步骤二　　　　　　　　步骤三

图4-44　脚的设计表现

（三）不同形态的脚

脚的变化和动态不多，但根据鞋子的款式也可绘制出不同的脚部形态，因此需要针对不同形态的鞋子加强练习，如图4-45所示。

图4-45　不同形态的脚

本章小结

- 一般我们是以头部的中轴线为基准，"三庭"指的是将脸的长度分为三等份，即发际线到眉毛——眉毛到鼻底——鼻底到下颚；"五眼"是指以一个眼睛的宽度为标准，将脸部最宽的地方分为五等份。
- 眼睛在透视上是不分性别的，男女的区别在于男性的眉毛与眼睛的距离更近，且眉毛比女性浓密，眼睛棱角更分明。
- 正面、侧面以及3/4面的头部、五官各不相同，会随着角度的变化而产生透视变化。
- 在绘制发型的时候，需要把头发作为一个整体去思考，头发虽然是一根一根的状态，但因覆盖在类似球体的头部上，会有明暗关系，因此我们需要找到这些明暗关系，用粗细、虚实结合的线条表现头发的层次感。
- 四肢由手臂、手、腿和脚四个部分组成，它是人体的重要组成部分，通常能通过四肢来表现人体的纤细和苗条感。

思考题

1. 仰视和俯视的头部如何绘制？
2. 尝试绘制不同角度和类型的五官。
3. 除第三节提到的五种常见发型外，如何表现其他发型？
4. 尝试绘制不同角度和动态下的四肢。

第五章
服装设计线稿的绘制

课题名称：服装设计线稿的绘制。

课题内容：介绍了五种常见的服装廓型以及廓型的绘制，将服装部件分为衣领、袖子、
门襟、口袋和腰胯进行绘制和细节设计，同时分步骤对服装上衣、裤装和
裙子三大款式进行绘制和练习。

课题时间：12课时。

教学目的：灵活掌握和运用不同的线条进行服装设计线稿的绘制。

教学方式：示范教学、实践操作。

教学要求：理论与实践结合，要求学生在课堂上进行即时的设计绘制训练。

课前（后）准备：课前准备铅笔、橡皮和纸张；课后有针对性地进行大量的设计
练习。

"艺术品的好坏取决于线条"，通过英国画家布莱克的这句论断，我们不难理解，虽然一张好的服装设计稿中表现技法不限，形式也多样，但都会有完整的线稿作为基础，因此线稿是服装设计表现中极其重要的一环。在前面几章中我们对人体的结构有了一定的认识，本章将分别从服装廓型、局部款式、细节褶皱等方面学习服装设计中线稿的绘制。

线条是款式造型的重要手段，服装的款式、人体的形态都可以通过线条传达给观者。线条有粗细、直曲之分，不同的线条给人的感觉是不同的，在绘制西装时适合运用挺括的直线线条，而在绘制绸缎、薄纱等服装时，曲线的运用则更能表现材质的特性，灵活掌握和运用不同的线条能更好地完成服装设计线稿的绘制。

第一节　常见廓型绘制

在服装设计中，廓型指的是服装造型的整个外轮廓的形状，它所反映的是服装总体形象的基本特征，是服装设计构思的基础和第一要素。实现不同廓型的手法通常有两种：一种是通过改变服装内部结构设计，包括省道、结构线、褶皱等；另外一种是通过面料和工艺来实现廓型的变化。服装廓型的变化主要是以人体肩部、胸部、腰部以及臀部的起伏变化为依据，根据凹凸有致的形状划分廓型。

我们目前常见的廓型主要用字母表示，分为五大类，即A型、X型、O型、T型、H型（图5-1），在设计上，可利用相同的廓型进行无数种不同款式、细节的设计，从而充实服装的层次性和设计感。

图5-1　常见服装廓型

一、A型

　　A型呈现的是一种上窄下宽的平直造型。以宽下摆、不收腰，下装则收腰、宽下摆为主要特征。A型服装注重纵向的拉长设计，能够很好地拉伸人体比例，给人修长优雅的感觉，它进一步弱化了人体的曲线美，展现出宽松、简洁、大气的直线感（图5-2）。

二、X型

　　在女装设计中，X型是最传统，也是流行时间最长的廓型。X型将肩部扩张，腰部收紧，下摆外展，远看就像字母X的造型。X型能很好地凸显女性身体的优美曲线，也就是所谓的"沙漏型"身材，也能更好地展示女性的美丽（图5-3）。

三、O型

　　O型服装常用于休闲装、运动装、孕妇装以及居家服饰中，其宽松的空间可以满足肢体大幅度运动的需求，O型服装能够巧妙地遮挡偏胖人群的腰线（图5-4）。

四、T型

　　T型主要指肩部夸张的服装样式（图5-5）。T型在廓型上使得女装具备了男装的肩宽特征，增强了女性强势的一面，同时也模糊了男女之间的性别特征。在男装中，T型能使穿着者更硬朗、大方和潇洒。

五、H型

　　H型类似于直筒形状，它上下平直，腰部宽松，弱化肩部、臀部和腰部之间的维度差距，使服装整体具有修长、简约的特点（图5-6）。H型出现于19世纪末20世纪初，它将女性从束腰的紧身胸衣中解脱出来，朝着更舒适、合理的方向发展。

图5-2　A型服装

图5-3　X型服装

图5-4　O型服装

图5-5　T型服装

图5-6　H型服装

第二节　局部款式绘制

　　服装由不同的局部部件组成，这些局部部件各具功能性和装饰性。服装设计师利用这些不同的局部款式进行多种设计和组合，使得服装整体造型丰富多变，设计师也可以对某一个局部进行重点设计，使视觉焦点集中在局部款式上。对服装局部款式的设计是非常有趣又富有挑战性的，因此需要深入了解服装的每一个局部款式及其构成，这样在绘制的时候才能得心应手。

　　服装局部款式包含衣领、衣袖、门襟、口袋和腰胯设计。

一、衣领

　　衣领是服装中的关键部位，在形式上有衬托脸型和突出款式的作用，在功能上有保暖和保护作用。不同的款式通常会搭配对应的领型，因此在设计衣领时需要考虑整体的效果，同时还要注意领子和肩部的关系。衣领的设计可以分为有领设计和无领设计，有领子的服装需要考虑领座、领面、领型之间的比例，无领的服装重点可以放在领口线的变化上。

（一）有领设计

1. 立领

　　指的是将条形的领面立于领围线上，环绕颈部一周，立领有稳定、挺拔、严谨的特点。立领的款式绘制如图5-7所示。

图5-7　立领设计

2. 翻领

　　指领面向外翻折而形成的领子，具有很强的装饰效果。翻领的款式绘制如图5-8所示。

图 5-8 翻领设计

3. 趴领

趴领没有领座，领型平贴于人体的肩部，领围线也随领窝形状变化而变化。趴领的款式绘制如图 5-9 所示。

图 5-9 趴领设计

4. 驳领

是一种衣领和驳头相连接，并一起向外翻折的造型，它由领座、翻领和驳头三部分组成。驳领的款式绘制如图 5-10 所示。

图 5-10 驳领设计

（二）无领设计

无领指的是没有领型线而只有领围线的设计，尽管只有领围线，也能和褶皱、结、带等元素一起设计出各具特色的领子。

1. 圆领

围绕颈部形成圆形的一种领围线，圆领的特点是圆顺、服帖，同时也可以开至肩端处形成一字领造型。圆领的款式绘制如图5-11所示。

图5-11　圆领设计

2. 方领

方领并不是指领围线呈现正方形或长方形，而是在胸前呈现梯形的设计，不同的宽窄、长短可以打造出多种形状，如六角形、四角形，方领一般多用于夏装中。方领的款式绘制如图5-12所示。

图5-12　方领设计

3. V领

具体指的是领围线在颈窝点下方呈"V"字造型的领子，一般多用于女装礼服、马甲、毛衣等设计中，V领具有轻便、舒适的特点。V领的款式绘制如图5-13所示。

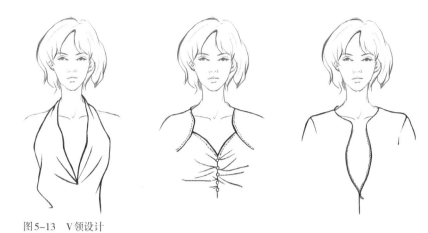

图5-13　V领设计

二、衣袖

　　衣袖是服装部件中面积最大的部分，也是构成服装的重要部分，衣袖的形态在很大程度上决定了服装的廓型。与衣领一样，不同款式的服装会搭配对应的袖型。

　　衣袖的种类和样式有许多，按照袖子长度可分为无袖、短袖、半袖、七分袖和长袖；按袖片可分为一片袖、两片袖和多片袖；按工艺制作方式可分为装袖、插肩袖、连身袖；按衣袖造型可分为灯笼袖、泡泡袖、羊腿袖、蝙蝠袖、喇叭袖等。

　　在进行衣袖设计时，不仅要考虑服装的整体廓型，还需着重考虑肩部的形态以及活动的舒适度。通常而言，西装的袖子因增加了垫肩，导致手部的幅度大大受限，因此形成挺括和举止优雅的特点；运动卫衣的插肩袖活动范围就比较大且自由，符合运动时的需求。衣袖的款式绘制如图5-14所示。

三、门襟

　　在服装的前胸部位，起到穿脱作用部件的称为门襟。门襟是服装中醒目的部件，它与衣领、口袋、袖口之间互相衬托，展示着服装的全貌。门襟有着独特的功能和装饰作用，作为服装上的结构，它是为服装穿脱方便而设计的。作为服装中的一部分，它有着一定的装饰作用。门襟的款式千变万化、层出不穷，也是设计师重点设计的局部对象之一。

　　门襟可分为两大类：一类是叠襟，即左右衣片相交叠后，形成一定的重叠量，采用纽扣、钉扣等方式来闭合门襟；另一类是对襟，即衣片不需要交叠，可利用拉链、系绳和挂扣等方式来闭合门襟。针对不同款式的服装，我们可以设计相对应的门襟。门襟款式的绘制如图5-15所示。

图5-14　衣袖设计

图5-15　门襟设计

四、口袋

服装中口袋的设计多以实用性为目的。在现代服装设计中，口袋对服装的款式影响使其增加了一定的视觉装饰性质，在设计时为了符合服装制作的方便和合体的需求，口袋在职业装上有时会被省略掉，但这也不会影响它在其他款式的服装中起到装饰的作用。由于口袋能给服装增加更多的情趣和设计点，它也成为服装款式中兼具实用性和时尚性的一个重要设计元素。

在进行口袋设计和绘制时，可以跳出固有思维，大胆地尝试新奇、创新的设计。口袋款式绘制如图5-16所示。

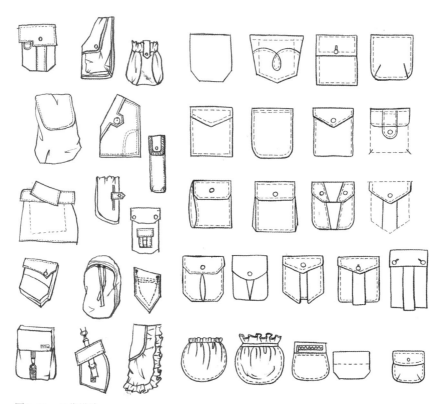

图5-16　口袋设计

五、腰胯

腰胯是最能凸显女性柔美曲线的地方，但也是最容易被忽视的地方。成功的腰胯设计能丰富和美化服装款式，因此作用不容小觑，在设计中一般把腰部和胯部联系在一起进行设计。

　　按高度来分，腰头可分为高腰、中腰和低腰；按宽度可分为宽腰头、窄腰头和无腰头。腰线也可作为上下装的分界线，调节着上下半身的比例，若在设计时视觉焦点放在腰胯上，则服装需要做简化设计，若设计焦点聚焦在衣领、袖子、廓型上，则需对腰胯进行简化处理，避免喧宾夺主。腰胯款式绘制如图5-17所示。

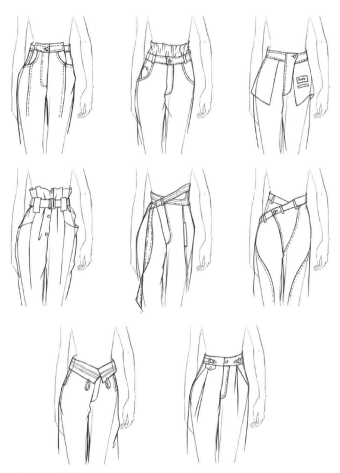

图5-17　腰胯设计

第三节　服装褶皱绘制

　　在服装设计手绘表现中，想要将服装表现得生动自然，必须对服装褶皱及衣纹规律有一定的了解，褶皱也是设计师采用较多的设计手法之一。褶皱受重力和人体支撑力的影响，会产生不同的形态，人体的运动、面料质地、服装款式以及加工制作工艺都会时

图 5-18 加工褶皱

图 5-19 运动产生的褶皱

时刻刻影响和改变褶皱的形态。按照形成原因褶皱可分为两类，一类是加工褶皱，如：荷叶边、缠裹褶、抽缩褶等（图5-18）；另一类是因运动而产生的褶皱，如挤压褶、扭转褶（图5-19）。

一、挤压褶

人体（或肢体）在运动弯曲、挤压时产生的褶皱就是挤压褶，容易在身体弯曲下凹的地方聚集，特别是手肘弯外和膝弯外，形成方向性较强的放射状褶皱（图5-20）。

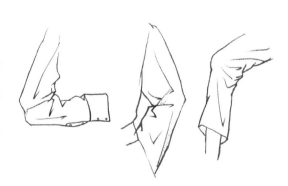

图 5-20 挤压褶

二、缠裹褶

服装在缠绕、裹扎时产生的褶皱就是缠裹褶。与挤压褶不同的是，它没有绝对的方向性，在绘制时，需要根据布料的走向以及缠裹的方式来确定褶皱的走向（图5-21）。

图5-21　缠裹褶

三、扭转褶

　　人体关节部位扭转时产生的褶皱就是扭转褶，它通常出现在可以扭动的关节部位，其中脖子、胳膊、腰部、腿部最为明显。扭转褶不如挤压褶明显，如果服装较为宽松的话，扭转褶会出现明显的长褶（图5-22）。

图5-22　扭转褶

四、抽缩褶

　　宽松的布料被绳带收拢后形成的褶皱就是抽缩褶，抽缩褶的形状呈现不规则的放射状，从固定处向两侧发散，在绘制时要注意取舍，避免褶皱过多而凌乱（图5-23）。

图5-23　抽缩褶

五、荷叶边

荷叶边指的是服装上形似荷叶的边缘，有层叠感。荷叶边一般用螺旋或弧形的裁剪方式，内弧线缝在衣身上，外弧线自然散开，形成荷叶状，是服装设计中常用的装饰手段（图5-24）。

图5-24　荷叶边

第四节　服装设计效果图线稿绘制

服装设计效果图由线稿和色彩两大部分组成，色彩是在线稿准备的基础上，使用马克笔或水彩等其他工具进行颜色点缀。在掌握了人体基本动态、五官、头发、服饰的绘制后，就需要进行大量的效果图线稿绘制，为后期上色打好基础。

本小节先进行服装的上衣、裤装、裙装三大款式绘制方法的讲解，在掌握了三大不同款式类型后，再进行整体的线稿绘制。在练习时，初学者可以先根据时装秀场图片进行临摹描绘，熟练以后再脱离图片进行自主设计和创造。

一、上衣设计

上衣指的是人们上半身所穿着的服饰，有衬衫、外套、夹克、T恤、毛衣、卫衣等。在进行上衣设计和绘制时，需要先确定面料、款式，不同的面料和款式适合用不同的笔触来表现，挺阔的面料可多用直线表达，柔软的面料则需曲线表达。上衣的款式种类繁多，但大致的绘制步骤基本相似，下面以常见衬衫为例，分步骤讲解上衣的绘制，如图5-25所示。

（一）上衣的绘制步骤

步骤一：用较浅的线条勾勒人体，在人体上绘制大概的上衣廓型。需要注意的是，服装与人体之间要有空间感。

步骤二：绘制出衬衫完整的廓型及款式特征，擦去较浅的人体线条。

步骤三：加深款式细节，例如：口袋、扣子、缉明线等。

步骤一　　　　　　　　步骤二　　　　　　　　步骤三

图5-25　上衣的绘制步骤

图5-26　不同款式的上衣设计

（二）不同款式的上衣设计

针对不同款式的上衣，可以从衣领、廓型、袖型、结构这四个方面进行设计。值得注意的是，设计亮点以及视觉焦点不宜过多，集中在1到2个点上即可，避免设计点过多而导致减分。在设计上衣时，也需要进行大量的观察和练习，通过各大品牌的秀场、时尚资讯网等拓宽眼界，提高设计审美，这样更有利于提升设计能力。图5-26为不同款式的上衣设计。

二、裤装设计

裤装指的是人们穿在两腿上的服装。裤子根据长度可分为长裤、短裤、七分裤、九分裤等；按廓型可分为喇叭裤、小脚裤、锥形裤、直筒裤、阔腿裤等。裤子是现代人们生活中常见的一类服装，因此学会设计和绘制裤装也是必不可少的。

（一）裤装绘制步骤

裤装绘制步骤如图5-27所示。

步骤一：用简单且概括性的线条确定裤子的大概位置和廓型。

步骤二：绘制出裤子的褶皱、转折处，确定腰头位置。

步骤三：加深裤子细节，如：门襟、褶皱、烫迹线等。

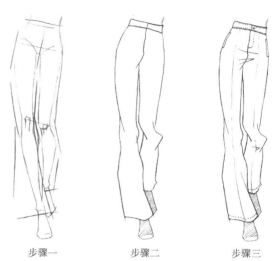

步骤一　　　　　步骤二　　　　　步骤三

图5-27　裤装绘制步骤

（二）不同款式的裤装设计

裤装的设计要点主要在腰胯、口袋、裤型、脚口以及门襟处，在进行裤装设计时，需要根据流行趋势和市场需求进行对应的裤装设计。图5-28为不同款式的裤装设计。

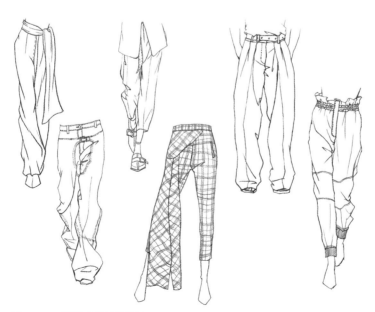

图5-28　不同款式的裤装设计

三、裙装设计

裙装指的是腰部以下没有裤腿的服装，是下装常见的一种类别。裙装按照不同的标准可分为不同的样式：按长度可分为超长裙、长裙、半身裙、短裙、超短裙等；按照廓型可分为直身裙、A字裙、收腰裙等；按照腰头的高低可分为高腰裙、低腰裙、无腰裙等。裙装具有穿脱方便、美观、行动便利、样式多变等诸多优点，因此也备受女性及儿童喜爱，随无性别穿着时尚的流行，越来越多的男装也会有裙装的设计。

（一）裙装的绘制步骤

裙装的绘制步骤如图5-29所示。

步骤一：用较浅的线条勾勒出腿部线条或动态，在（动态）人体上绘制大概的裙子廓型，需要注意的是，裙子与人体之间要有空间感。

步骤二：绘制出裙子完整的廓型及款式特征，擦去较浅的人体动态线条。

步骤三：进一步加深裙子细节，例如：缉明线、分割等。

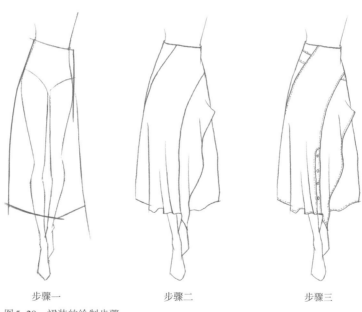

步骤一　　　　　　　　步骤二　　　　　　　　步骤三

图5-29　裙装的绘制步骤

（二）不同款式的裙装设计

裙装的设计与裤装的设计有相似之处，设计要点可在腰部、裙子廓型、裙子长度、裙身装饰上，若是连衣裙设计还需要考虑领口、袖子处。不同局部细节的组合能构成千变万化的裙装样式，因此裙装的设计空间较大。若作为批量的裙装生产时，则需要考虑市场、流行趋势以及工艺成本等诸多要素。图5-30为不同款式的裙装设计，供读者参考。

图5-30　不同款式的裙装设计

四、整体设计

服装设计效果图由线稿和色彩两部分组成。线稿是上色的基础，因此需要我们进行大量的效果图的线稿绘制练习，从而掌握扎实的手绘技能和技巧。在进行整体的线稿绘制之前，需要熟练地掌握人体动态、五官、发型和服饰设计。练习时，初学者可以先有针对性地进行临摹，之后再根据秀场的照片进行线稿绘制（图5-31、图5-32），熟练后就可以脱离照片进行自我创作了（图5-33）。

图5-31　秀场图转化为线稿绘制1　　　　　　　图5-32　秀场图转化为线稿绘制2

图5-33　服装设计线稿（创作作品）

（一）线稿绘制步骤

1. 以针织服装为例的线稿绘制步骤详解

范例选取的是一件较为宽松的针织连衣裙，在连衣裙的正面有较明显的麻花肌理，这也是一种比较经典的针织样式。在绘制针织质地的服装时，要注意对领口、袖口、下摆处针织纹样的绘制，这些地方能体现针织的特性。

绘制步骤如图5-34所示。

步骤一：绘制人体模特。用铅笔绘制出模特行走的动态，这里需要注意人体及各部分的比例，人体的胯部、肩部要随着行走的动态而向左边摆动。

步骤二：绘制头部。绘制出模特发型的轮廓，并按照三庭五眼的比例关系在面部定出五官的位置。

步骤三：绘制服装。在人体的基础上绘制出衣服和鞋子的大致轮廓，由于针织长裙是较为宽松的款式，所以需要预留出衣服的松量。

步骤四：刻画模特的五官和服装肌理。深入刻画模特的五官，同时绘制出针织连衣裙上的花纹和鞋子的细节。

步骤一　　　　　　　　步骤二　　　　　　　　步骤三　　　　　　　　步骤四

图5-34　针织服装的绘制步骤

2. 以礼服裙为例的线稿绘制步骤详解

范例选取的是一件裹胸设计且侧面开衩的小礼服，它的款式较为紧身，绘制时需要注意褶皱包裹着人体的状态，根据人体的结构起伏来确定褶皱的走向，同时也要注意刻画首饰和包袋等配件。

绘制步骤如图5-35所示。

步骤一：绘制人体模特。用铅笔绘制出模特行走的动态，这里需要注意人体及各部分的比例，人体的胯部、肩部要随着行走的动态而向左边摆动。

步骤二：绘制头部。绘制出模特发型的轮廓，并按照三庭五眼的比例关系在面部确定五官的位置。

步骤三：绘制服装。在人体的基础上绘制出衣服和鞋子的大致轮廓，由于小礼服是较为修身的款式，所以要注意服装和人体之间的关系。

步骤四：深入刻画模特的五官，绘制出小礼服上的褶皱及鞋子、配饰的具体细节。

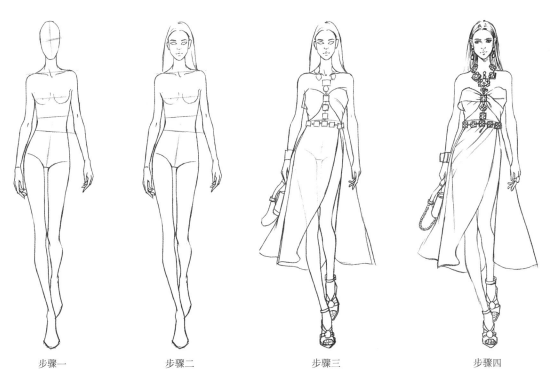

步骤一　　　　　　步骤二　　　　　　步骤三　　　　　　步骤四

图5-35　针织服装的绘制步骤

（二）线稿赏析（图5-36~图5-46）

图5-36　时装画线稿1

图5-37　时装画线稿2

图5-38　时装画线稿3

图5-39　时装画线稿4

图5-40　时装画线稿5

图5-41　时装画线稿6

图5-42　时装画线稿7

图5-43　时装画线稿8

图5-44　时装画线稿9

图5-45　时装画线稿10

图5-46　时装画线稿11

本章小结

- 目前常见的廓型主要用字母表示，分为五大类，即A型、X型、O型、T型、H型。在设计上，可利用相同的廓型进行无数种不同款式、细节的设计，从而充实服装的层次性和设计感。

- 服装由不同的局部部件组成，这些局部部件各具功能性和装饰性，服装设计师利用这些不同的局部款式进行多种设计和组合，使得服装整体造型丰富多变。

- 服装局部款式包含衣领、衣袖、门襟、口袋和腰胯设计。

- 按照形成原因褶皱可分为两类，一类是加工褶皱，如荷叶边、缠裹褶、抽缩褶等；另一类是因运动而产生的褶皱，如挤压褶、扭转褶。

- 上衣指的是人们上半身所穿着的服饰，有衬衫、外套、夹克、T恤、毛衣、卫衣等。在进行上衣设计和绘制时，需要先确定面料、款式，不同的面料和款式适合用不同的笔触来表现，挺阔的面料可多用直线表达，柔软的面料则需曲线表达。

- 裤装指的是人们下身所穿的服装。裤子根据长度可分为长裤、短裤、七分裤、九分裤等；按廓型可分为喇叭裤、小脚裤、锥形裤、直筒裤、阔腿裤等。

- 裙装指的是腰部以下没有裤腿的服装，是下装常见的一种类别。

思考题

1. 常见的廓型分为哪五类？

2. 服装由哪些不同的局部部件组成？

3. 服装的褶皱是如何产生的？它们可分为几大类？

4. 服装设计效果图的线稿绘制步骤。

第六章
服装设计常见面料表现技法

课题名称：服装设计常见面料表现技法。

课题内容：侧重于七种常见的服装面料，薄纱、蕾丝、针织、皮革、牛仔、羽绒和格纹面料的特点及表现技法，并根据服装款式特点进行设计和绘制。

课题时间：18课时。

教学目的：掌握不同面料的表现技法以及运用不同的面料进行服装设计。

教学方式：示范教学、实践操作。

教学要求：理论与实践结合，要求学生在课堂上进行即时的设计绘制训练。

课前（后）准备：课前准备铅笔、橡皮、纸张、马克笔、水彩、彩铅等工具；课后有针对性地进行大量的设计练习。

服装设计由款式、色彩和面料三部分组成，这三部分构成服装设计的三大要素。其中面料为最基本的要素。面料能诠释服装的风格和特点，也能直接影响服装的色彩和造型，同时，服装的款式和造型也需要依靠面料的硬挺、柔软、悬垂等特性来实现。面料已经成为人们选购服装时考虑的重要因素，每一次、每一种新型面料的出现都会掀起新的服装潮流，而新潮流服装又要求服装面料的不断革新。面料和服装之间存在相互促进和相互制约的关系，对服装面料熟悉的设计师能充分运用面料的特性进行服装设计，同时还可以通过面料体现服装设计思维上的造型变化。

不同的面料拥有不同的特征和属性，它们对服装的形态、构成和穿着效果都有着不同程度的影响。本章将重点讲解七种常见的服装面料（薄纱、蕾丝、针织、皮革、牛仔、羽绒、格纹）的特点，作为服装设计师或从事相关专业的学者来说，还需掌握面料在服装设计中的表现技法，并要能够根据服装款式设计的特点和需求选择相对应的面料。

第一节　薄纱面料

薄纱面料有半透明和不透明两种，半透明的面料比不透明的面料更加轻薄，穿在人身上会有一种飘逸感。薄纱面料质地轻盈、轻薄，手感柔顺富有弹性，因此也具有良好的悬垂性和透气性，主要用来制作夏季服装。薄纱面料因其特有的性质，受到众多设计师的青睐，在礼服、婚纱中也被广泛运用。薄纱面料能充分打造出穿着者仙气飘飘的气质，尤其是长款的薄纱裙，哪怕是层次蓬松的设计也能让服装看起来华丽又隆重，还不失优雅，在女装设计中，设计师可以充分利用薄纱面料轻薄、飘逸的特点进行创意设计（图6-1）。

图6-1　薄纱面料

一、薄纱面料的表现

在绘制薄纱面料时，一般用透出底层皮肤的方式来表现薄纱的透明感，因此需要先绘制出皮肤的肤色或底层面料的颜色，然后在肤色或底层面料颜色的基础上进行适当的颜色叠加，叠色时需要考虑叠色后产生的色彩变化。其次在上色的先后顺序上，也是先绘制浅色再叠加深色，绘制时一定要注意画面的留白（面料的高光和亮面）。薄纱面料小样手绘表现如图6-2所示。

步骤一：用铅笔（或彩铅）勾勒出薄纱面料的褶皱及人体线条。

步骤二：用肤色马克笔绘制人体肤色。

步骤三：根据服装衣褶的方向，用浅色马克笔填充薄纱面料，注意用笔须轻巧。

步骤四：用深色马克笔绘制衣褶的暗部，用勾线笔勾画出面料的细节，最后绘制高光。

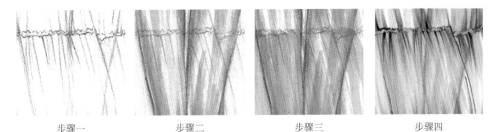

步骤一　　　　　　步骤二　　　　　　步骤三　　　　　　步骤四

图6-2　薄纱面料小样

二、薄纱面料表现范例

在正确掌握了薄纱面料小样的绘制技巧后，就可以进行薄纱面料的服装设计，绘制时需要注意人体动态及薄纱走向，具体可参考以下范例或效果图。

（一）彩铅绘制薄纱服装

彩铅绘制薄纱服装的具体绘制步骤如图6-3所示。

步骤一：线稿绘制。用浅棕色彩铅绘制出人体动态和五官比例，浅紫色铅笔勾画出薄纱裙，黑色彩铅画出鞋子造型，注意勾画出薄纱裙的褶皱走向以及蓬松飘逸的立体感。

步骤二：填充肤色。用浅粉色彩铅（也可用肤色彩铅）填充面部、脖子及身体其他部分颜色，头发处也可用同颜色彩铅进行填充，注意头发亮部的留白。加深五官及上半身的暗部，特别是锁骨和胸部的刻画，展现女性特征。

步骤三：刻画头部及四肢。深入刻画头部细节，五官处用深棕色彩铅勾画出眼睛、眉毛、嘴唇的暗部，提高五官的立体感，用粉色、红色、橘色彩铅分别对四肢肤色进行

步骤一　　　　　　　　　　步骤二　　　　　　　　　　步骤三

步骤四　　　　　　　　　　步骤五　　　　　　　　　　步骤六

步骤七   步骤八   步骤九

图6-3 彩铅绘制薄纱服装的具体绘制步骤

加深，着重对关节处进行刻画，暗部、亮部过渡不要太突兀。注意裙子下靠后的腿可以稍作虚化处理，有近实远虚的效果即可。

步骤四：绘制裙子暗部。用深紫色彩铅填充裙子暗部，注意裙子褶皱的走向及整体光影的朝向，裙子亮部（褶皱凸起处）暂时留白，确保裙子的立体感。

步骤五：填充裙子及腰带。用黑色彩铅绘制皮质腰带暗部、衣领纹样暗部及鞋子的暗部，用深紫色彩铅再次加深裙子暗部，同时用浅紫色彩铅填充裙子亮面，对于褶皱凸起较明显的部分仍采用留白处理。

步骤六：进一步加深裙子细节。突出薄纱裙的立体感，同时强化薄纱面料的质感。

步骤七：刻画衣领细节及鞋子。勾勒出衣领纹饰的具体样式以及腰带金属扣的细节，用红色彩铅绘制鞋子以及鞋带上的细节。

步骤八：深入刻画整体。用极细的黑色针管笔（或勾线笔）勾勒衣领纹饰、裙子暗部，使得细节更精彩，画面立体感更强。

步骤九：点缀高光。用白色高光笔画出五官、头发、裙子、腰带以及鞋子的高光，薄纱裙的高光不用太明显，避免破坏薄纱质感，可以重点突出皮质腰带。

（二）马克笔绘制薄纱服装

马克笔绘制薄纱服装的具体绘制步骤如图6-4所示。

步骤一：绘制底稿。用可擦写的彩铅（蓝色、棕色都可以）绘制人体结构和衣服形态，方便下一步底稿的绘制。

步骤二：绘制线稿。用棕色针管笔绘制头发、五官及四肢的线稿，用蓝色彩铅或针管笔绘制裙子形态和褶皱走向。

步骤三：填充肤色。用肤色马克笔（浅色）绘制面部、颈部和四肢的暗面，注意不要全部填充均匀，亮面保持留白。

步骤四：刻画头部。用浅灰色马克笔对头部进行暗部处理，在此基础上用深灰色加深，用黑色勾线笔点缀及完成头发的处理。接下来深入刻画头部细节，五官处用深肤色笔刻画眼睛、眉毛、嘴唇、脖子的暗部，提高五官的立体感，用棕色勾线笔进行眼睛、眉毛、鼻梁的加深，着重对五官处进行刻画。

步骤五：绘制裙子暗部。因裙子本身颜色不重，因此可选用浅紫色马克笔填充裙子暗部，注意裙子褶皱的走向及整体光影的朝向，裙子亮部（褶皱凸起处）暂时留白，确保裙子的立体感，用笔时笔触可以飘逸、潇洒一些，显得裙子更加灵动。

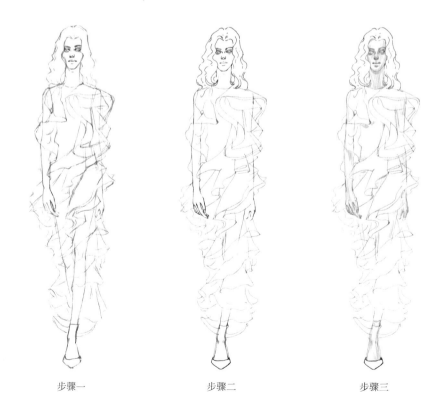

步骤一　　　　　　　　　　步骤二　　　　　　　　　　步骤三

步骤四　　　　　　　　步骤五　　　　　　　　步骤六

步骤七　　　　　　　　步骤八　　　　　　　　步骤九

图6-4　马克笔绘制薄纱服装的具体绘制步骤

步骤六：增加裙子层次。用蓝色系的马克笔绘制裙子的暗部和部分亮部，增加薄纱裙的层次，同时增强裙子的通透性。

步骤七：进一步增强裙子立体感。用深蓝色、深紫色马克笔点缀裙子的暗部，注意用马克笔软头进行点缀，加深裙子的立体感。

步骤八：深入刻画整体。用紫色纤维笔或马克笔增添薄纱裙上的装饰或细节，点缀装饰无须过多，以免破坏服装的整体性。用灰色马克笔绘制鞋子，高光留白，保证鞋子的皮质感。

步骤九：点缀高光。用白色高光笔画出五官、头发以及裙子的高光，以区别于彩铅，马克笔绘制可在多处点缀高光，但下摆处需少量点缀。

（三）薄纱服装设计与手绘表现赏析（图6-5~图6-9）

图6-5 薄纱裙设计1   图6-6 薄纱裙设计2

图6-7　薄纱裙设计3

图6-8　薄纱裙设计4

图6-9　薄纱裙设计5

第二节　蕾丝面料

　　蕾丝面料由不同色彩、不同质地的纱线编织而成，质地较为通透和轻薄，传统的蕾丝具有镂空的纹理特点。在18世纪，蕾丝就被作为服装面料来使用，欧洲宫廷和贵族男性的服饰在领襟、袖口、袜沿等处大量地使用蕾丝面料进行装饰。现如今，蕾丝面料的用途非常广，覆盖家纺设计、内衣设计甚至整个纺织业中。

　　蕾丝的分类有多种：按面料成分，可分为有弹力蕾丝面料和无弹力蕾丝面料；按工艺，可分为绣花蕾丝、复合蕾丝和经编蕾丝三种。因不同的工艺造就了蕾丝图案变化多样，有二方连续、四方连续的重复图案，也有结构复杂的单独图案，既可手工制作也可机械加工。在服装设计中，蕾丝面料不仅可用作小面积装饰或点缀，还可以大面积使用（图6-10）。

图6-10　蕾丝面料

一、蕾丝面料的表现

在绘制蕾丝面料时，一定要注意区分蕾丝图案中的主次，特别是花卉主题的蕾丝图案，要对主要花朵进行精细的刻画，次要的花朵进行粗略的描绘。绘制蕾丝面料和薄纱面料的相似之处在于，都要表现出面料的通透感。在绘制时，可先用油性勾线笔绘制出蕾丝面料的图案，再添加底色，注意一定要选用不溶于水或酒精的勾线笔；同样也可采用绘制薄纱面料的方式，先铺底层肤色，在肤色基础上叠加蕾丝颜色，这种方法就需要考虑叠色后产生的色彩变化。蕾丝面料小样手绘表现如图6-11所示。

步骤一：用铅笔大致画出蕾丝图案。

步骤二：用粗细不同的针管笔（油性）勾勒出主题图案。

步骤三：细致地描绘出蕾丝图案的细节。

步骤四：用马克笔画出底部颜色。

步骤一　　　　　　　　步骤二　　　　　　　　步骤三　　　　　　　　步骤四

图6-11　蕾丝面料小样

二、蕾丝面料的表现范例

在正确掌握了蕾丝面料小样的绘制后，就可进行蕾丝面料的服装设计与手绘表现，绘制时需要充分表现蕾丝的透明感，具体可参考以下范例或效果图。

（一）局部装饰蕾丝服装设计

局部装饰蕾丝服装的具体绘制步骤如图6-12所示。

步骤一　　　　　步骤二　　　　　步骤三

步骤四　　　　　步骤五　　　　　步骤六

图6-12　局部装饰蕾丝服装的具体绘制步骤

步骤一：绘制线稿。用棕色针管笔绘制头发、五官及四肢的线稿，用深灰色针管笔绘制裙子形态和蕾丝位置。

步骤二：填充肤色。用肤色马克笔（浅色）绘制面部、颈部和四肢的暗面，注意不要全部填充均匀，亮面保持留白。接着加深肤色，用红色马克笔加深肤色的暗部，使其更有立体感。

步骤三：绘制头部。用浅灰色马克笔填充头部后，用深灰色马克笔加深头发暗部，注意笔触需符合头发丝缕朝向，用笔轻柔、飘逸、灵动。深入刻画五官细节，增强五官的立体效果。用浅灰色马克笔绘制裙子的颜色，值得注意的是，裙子肌理为百褶，凹凸明显，因此不能平涂。

步骤四：加深裙子暗部。用深灰色马克笔点缀裙子暗部，裙摆因模特走动的动作产生较多的暗面，暗部可较多地绘制在裙摆处。绘制裙子拼接处，用深灰色马克笔填充底色，同时填充鞋子，要有意识地部分留白，用浅灰色马克笔填充蕾丝面料底色，方便接下来绘制蕾丝面料。

步骤五：加深拼接处暗部。用黑色马克笔加深拼接处以及鞋子的暗部，增加立体感。

步骤六：绘制蕾丝。用不同粗细的勾线笔勾勒出胸部、腰部、裙身处的蕾丝花纹图案。点缀高光，用白色高光笔画出五官、头发以及裙子的高光，调整画面。

（二）整体应用蕾丝服装设计

整体应用蕾丝服装的具体绘制步骤如图6-13所示。

步骤一：勾勒线稿。用绿色彩铅勾勒服装廓型，以及大块面的蕾丝形态。

步骤二：绘制面部。用浅粉色（肤色）马克笔给皮肤上色，表现皮肤的光影，刻画面部五官的细节。

步骤三：填充裙子。用浅绿色马克笔填充裙子，注意笔触和服装褶皱相贴合，用笔大胆果断，不需要完全填充，给蕾丝的透明感留白。

步骤四：绘制暗部。根据光影变化绘制服装的暗部，注意暗部的面积变化，同时用铅笔勾勒蕾丝图案。

步骤五：补充蕾丝的细节，进一步深入刻画人体。

步骤六：用浅灰色马克笔表现蕾丝的透明感，用高光笔点缀画面高光，调整并完成画面。

步骤一 步骤二 步骤三

步骤四 步骤五 步骤六

图6-13 整体应用蕾丝服装的具体绘制步骤

（三）蕾丝服装设计与手绘表现赏析（图6-14~图6-17）

 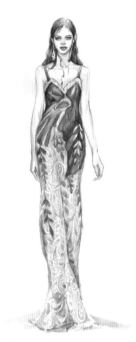 

图6-14　蕾丝服装设计1　　　图6-15　蕾丝服装设计2　　　图6-16　蕾丝服装设计3

图6-17　蕾丝服装设计4

第三节　针织面料

　　针织面料是在针织机上利用机器将纱线弯曲成圈且相互串套的织物，它与机织面料（棉、麻等）有着截然不同的特性，针织面料松软，有着良好的透气性和抗皱性，同时有着较大的弹性和延伸性（图6-18）。针织面料一般分为裁剪类针织和成形类针织，常见的T恤、内衣和运动衫属于裁剪类针织服装；毛衫、套头毛衣和开衫属于成形类针织服装。两者最大的区别在于，裁剪类针织服装是在针织机上织成面料后进行裁剪，而成形类针织则是经过手工或机器直接编织而成，不再需要进行裁剪成形。

图6-18　针织面料

一、针织面料的表现

　　针织面料有纹理清晰、质地蓬松的特点，因此在绘制时需要突出其特性可以有规律地画出毛衣表层的纹路，强调针织质感。在绘制时，先用彩铅勾勒出针织纹理（需要注意纹理的走向和粗细），再进行颜色填充，最后点缀高光。针织面料小样手绘表现如图6-19所示。

　　步骤一：绘制服装线稿。

　　步骤二：用彩铅勾出针织的肌理，用少量浅灰色填充服装。

　　步骤三：绘制针织面料的暗部，加深凹面的暗部。

　　步骤四：完善细节，调节画面。

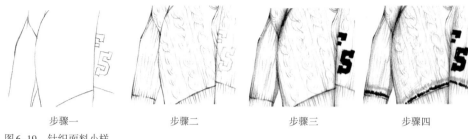

步骤一　　　　　　　步骤二　　　　　　　步骤三　　　　　　　步骤四

图6-19　针织面料小样

二、针织面料表现范例

在正确掌握了针织面料小样的绘制后，就可进行针织面料的服装设计与手绘表现，绘制时需要充分表现针织的肌理和蓬松感，具体可参考以下范例和效果图。

（一）针织面料服装设计范例一

针织面料服装设计范例一的具体绘制步骤如图6-20所示。

步骤一：绘制线稿。用浅色针管笔绘制头发、五官、四肢的线稿，用同色针管笔绘制服装的具体形态，用深色针管笔绘制裙子和鞋子。

步骤二：填充肤色。用肤色马克笔（浅色）绘制面部、颈部和腿部的肤色，注意不要全部填充均匀，亮面保持留白。

步骤三：绘制五官细节。用红色马克笔加深肤色的暗部，使其更有立体感，刻画五官的细节，突出颧骨。

步骤四：填充头发和鞋子。先用浅灰色马克笔填充头发和鞋子作为底色，再用深灰色马克笔进行加深，头发部分要根据发型和发丝的方向进行绘制，鞋子处要注意留出皮质鞋子的高光。

步骤五：刻画头部和鞋子。进一步刻画头部和鞋子的细节，充分表达皮鞋的质感。

步骤六：填充服装（橘色部分）。用点缀的笔触绘制衣身上的针织面料，手臂部分笔触需大胆果断，同时注意衣身上有飘逸的编织绳带。

步骤七：填充服装（玫红色部分）。用玫红色马克笔平铺填充底色，用深红色马克笔点缀时绘制出服装的肌理特点，需要注意衣摆、袖口处和衣身肌理的区别。

步骤八：填充服装（深灰色部分）。针织服装中深色部分的上色技巧与玫红色部分相同，先用浅色填充，再用深色表现肌理，裙子上的颜色可同步进行绘制。

步骤九：调整细节。用高光笔点缀画面高光，调整并完成画面。

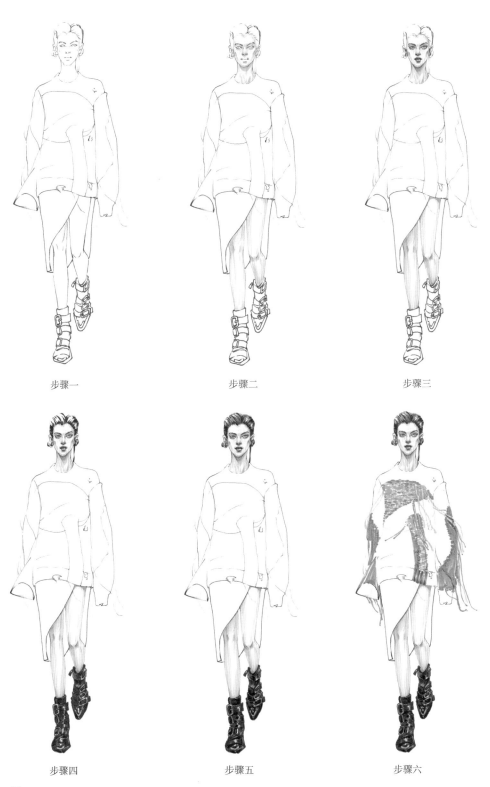

步骤一   步骤二   步骤三

步骤四   步骤五   步骤六

图6-20

步骤七 步骤八 步骤九

图6-20 针织面料服装设计范例一的具体绘制步骤

（二）针织面料服装设计范例二

针织面料服装设计范例二的具体绘制步骤如图6-21所示。

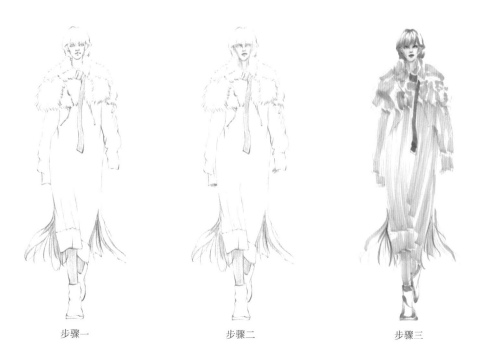

步骤一 步骤二 步骤三

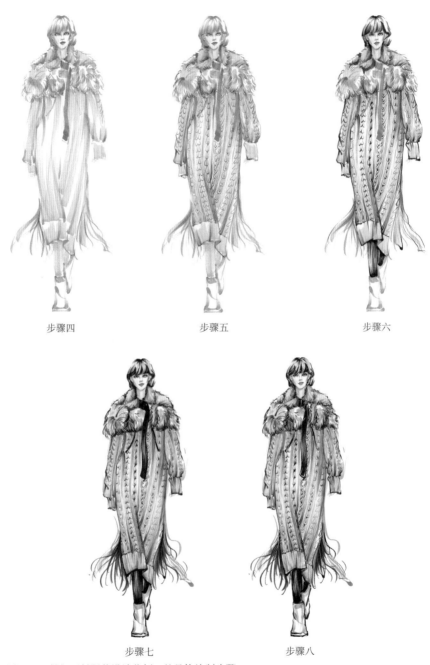

步骤四　　　　　　　　步骤五　　　　　　　　步骤六

步骤七　　　　　　　　步骤八

图6-21　针织面料服装设计范例二的具体绘制步骤

　　步骤一：绘制线稿。用橘色彩铅绘制出人体动态和五官，同时勾勒出针织毛衣和靴子的轮廓。

　　步骤二：填充肤色。用浅粉色彩铅填充面部和手部的颜色，再用粉色彩铅依次勾画出眼睛、鼻子、唇部、颧骨和颈部的暗部。

步骤三：绘制服装底色。用橘红色彩铅对五官进行深入绘制，用灰色马克笔填充头发，浅棕色马克笔填充皮草部分，用浅橘色马克笔填充毛衣部分，用蓝紫色马克笔填充带子部分，用浅灰色马克笔填充打底裤和鞋子暗部。注意不同部分马克笔笔触的不同，皮草部分笔触较为松散，毛衣部分笔触须顺着毛衣的纹理方向等。

步骤四：加深暗部。加深皮草和毛衣部分的暗部，用深肤色马克笔对毛衣暗部做进一步加深，既有加深暗部的作用，又起到了收形的效果。

步骤五：进一步加深皮草和毛衣的暗部。先用棕色马克笔加深皮草的暗部，用橘色马克笔加深毛衣的暗部，然后用棕色彩铅绘制出毛衣的针织纹理。注意皮草有毛茸茸的质感，画暗部时要用勾勒的手法，绘制毛衣纹理时注意毛衣的起伏转折，纹理绘制要富有变化。

步骤六：加深暗部。用深灰色马克笔加深头发和打底裤的暗部，用黑色针管笔细致刻画眼睛部分，用深棕色马克笔加深皮草和毛衣暗部。针织纹理富有较强的肌理感，注意对毛衣纹理的暗部刻画。

步骤七：深入刻画皮草。皮草的毛色富有变化，先使用蓝色、橘色等马克笔使皮草层次更加丰富，再用浅粉色马克笔勾画毛衣，增加毛衣的层次感，用深蓝色马克笔勾画领口、皮带和毛衣下方的丝带，最后使用黑色勾线笔勾勒皮带和鞋子的轮廓。

步骤八：绘制高光。使用白色高光笔提亮面部，以及头发、耳饰、皮草、皮带、毛衣、打底裤、鞋子的高光部分。

（三）针织服装设计与手绘表现赏析（图6-22~图6-24）

图6-22 针织服装设计1　　　　图6-23 针织服装设计2　　　图6-24 针织服装设计3

第四节　皮革面料

　　皮革和毛皮是最古老的大众服装面料，早在远古时期，人们就利用兽皮来抵御风寒和外界伤害。随着人类文明和文化的不断发展，人们制造皮革和皮草的方法也在不断革新，皮革经处理后可得到各种不同形态，而不同原料的皮革经不同方式的处理后，也可使服装形成不同的风格。如图6-25所示，如今的皮革面料不仅用来制作春、秋、冬季的服装，还被制成了手套、皮鞋、皮包等其他服饰配件。

图6-25　皮革面料

　　随着人们环保意识的不断增强，天然皮革毛皮也遭到环保人士的抵制，因此人们开发了人造皮革和人造毛皮，他们在外观上和真皮相仿，性能优良，缝制方便且大大节约了制作成本。皮革面料按制作工艺可分为真皮、人造皮革、合成皮革以及再生皮4种。

一、皮革面料的表现

　　皮革面料表层有一种特殊的粒面层，手感舒适，经常被用来制作夹克、风衣、裤子、外套等，在绘制时需要表现皮革面料本身的光泽和质感。皮革面料小样手绘表现如图6-26所示。

　　步骤一：用彩铅绘制线稿。

　　步骤二：填充皮革的底色，一般用浅灰色马克笔表现。

步骤三：使用深灰色马克笔绘制皮革面料的暗部，同时适当留白。

步骤四：继续使用深灰色马克笔（或黑色）加深暗部，加强明暗对比。

步骤五：用高光笔添加高光，一定要参考光源的方向以及褶皱线的位置。

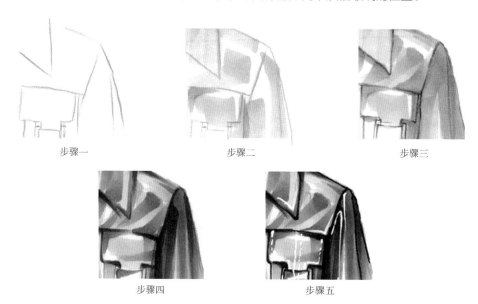

图6-26　皮革面料小样

二、皮革面料表现范例

在正确掌握了皮革面料小样的绘制后，就可进行皮革面料的服装设计与手绘表现，绘制时需要注意面料本身的质感，具体可参考以下范例和效果图。

（一）皮革面料服装设计范例一

皮革面料服装设计范例一的具体绘制步骤如图6-27所示。

步骤一：绘制线稿。用棕色彩铅（或棕色针管笔）绘制出人体动态和五官，同时重点勾勒皮裤的轮廓及褶皱。

步骤二：填充肤色。用浅肤色马克笔填充面部和手部的颜色，用深肤色马克笔依次勾画出眼睛、鼻子、唇部、颧骨和手部的暗部，眼白做留白处理。

步骤三：绘制服装底色。用浅灰色马克笔填充头发，用灰色马克笔填充服装的皮革部分，注意裤子的暗部，笔触需要顺着裤子的褶皱方向进行排列，高光处暂时留白。

步骤四：绘制毛衣底色。用浅黄色马克笔绘制毛衣底色，可参考上一节学过的针织面料绘制技巧，强调毛衣的肌理感。用棕色马克笔加深头发的暗部，用深灰色马克笔加深帽子的暗部。

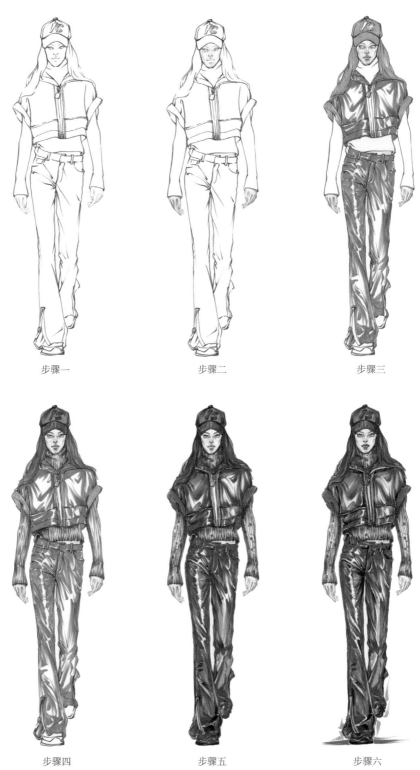

步骤一 步骤二 步骤三

步骤四 步骤五 步骤六

图6-27 皮革面料服装设计范例一的具体绘制步骤

步骤五：刻画上半身细节。先加深毛衣暗部，用橘色马克笔添加毛衣暗部，手臂靠近身体两侧可重点加深，同时也要注意表现毛衣的肌理。用蓝色马克笔点缀毛衣图案，增加服装的层次感，同时刻画五官和头发的细节，使上半身更完整。最后添加皮裤暗部。用比步骤三中更浅的灰色马克笔填充步骤三中留白的亮部，同时也要注意左腿上的高光仍然留白。

步骤六：调整细节。用高光笔点缀画面高光，调整并完成画面。

（二）皮革面料服装设计范例二

皮革面料服装设计范例二的具体绘制步骤如图6-28所示。

步骤一：绘制线稿。用棕色针管笔绘制出人体动态和五官，勾勒出服装的轮廓及褶皱，注意控制好人体比例与服装之间的关系。

步骤二：填充肤色。用浅肤色马克笔填充面部和手部的颜色，用深肤色马克笔依次勾画出眼睛、鼻子、唇部、颧骨和手部的暗部，眼白做留白处理。

步骤三：填充头发。用浅棕色马克笔给头发上底色，再用棕色马克笔画出头发的暗部，注意笔触与头发丝缕方向一致。

步骤四：绘制衬衫颜色。用灰色马克笔填充衬衫底色，用深灰色马克笔绘制衬衫暗部，在均匀填充衬衫底色时，也需注意衬衫的领子、扣子和门襟的结构。

步骤一　　　　　　　　　步骤二　　　　　　　　　步骤三

步骤四　　　　　　　　　　步骤五　　　　　　　　　　步骤六

步骤七　　　　　　　　步骤八　　　　　　　　　步骤九

图6-28　皮革面料服装设计范例二的具体绘制步骤

步骤五：绘制裤子颜色。用与步骤四相同的灰色、深灰色马克笔绘制裤子，裤子的褶皱和暗部用深灰色马克笔进行强调，调整裤子形态的同时增加裤子的立体感。

步骤六：绘制皮革外套。用偏蓝绿色的马克笔绘制外套的暗部，注意笔触一定要随着服装的形态及褶皱方向进行绘制，亮部暂时留白。

步骤七：加深皮革外套。用浅灰色马克笔绘制步骤六中保留的亮部，颜色的不同能增加亮部与暗部之间的变化，注意马克笔的色相要相同，若偏差太多会导致颜色过多而杂乱。

步骤八：进一步刻画皮革外套。用深色马克笔将步骤六中绘制的暗部再次加深，强化亮部与暗部的对比，凸显皮革的质感，在加深暗部时，不需要对某个局部进行反复的填充，避免笔触过多后因颜色渲染而失去马克笔的质感。

步骤九：调整细节。用高光笔点缀画面高光，调整并完成画面。

（三）皮革服装设计与手绘表现赏析（图6-29~图6-32）

图6-29　皮革服装设计1　　　图6-30　皮革服装设计2　　　图6-31　皮革服装设计3　　　图6-32　皮革服装设计4

三、皮草面料的表现

皮草面料主要由各种不同的动物毛皮制作而成，不同动物的毛皮外观也构成了不同形态的皮草面料，通常皮草面料可分为长毛皮草、短毛皮草和剪绒皮草。长毛皮草指的是如羊驼毛、羔羊毛、狐狸毛等毛丰厚、质地较柔软的皮毛；短毛皮草指的是毛发长度较短如水貂毛、马毛等，它们的质地较硬但光泽感好；剪绒皮草指的是在制作过程中，会剪掉较长且有光泽的粗毛，留下细腻柔软的绒毛，因此剪绒皮草质地密实，具有良好的保暖性。

如图6-33所示，在服装设计中，皮草除了大面积使用外，还常用于袖口、领口和下摆处的点缀，它与其他面料的拼接设计，也已成为众多服装设计师进行设计创作的重点和亮点。

图6-33　皮草面料

在手绘皮草面料时，要遵循皮草的生长方向和规律，不能杂乱无章，不同质感和形态的皮草也要选择不同的笔进行绘制。长毛皮草要表现得蓬松自然，需要用长直线和规律的笔触；短毛皮草可用参差的短线表现，突出质地较硬的特点；剪绒皮草可用短弧线或打圈的线条绘制。值得注意的是，在绘制皮草时，不能因为太注重单根毛草而忽视了整体，绘制过程中要重点表现大的转折和明暗关系。

皮草面料小样手绘表现如图6-34所示。

步骤一：用彩铅绘制线稿。

步骤二：用浅灰色马克笔填充底色，注意根据皮草生长的方向有序填充，同时适当留白。

步骤三：用深灰色马克笔勾勒皮草的暗部。

步骤四：用高光笔勾勒皮草高光。

| 步骤一 | 步骤二 | 步骤三 | 步骤四 |

图6-34　皮草面料小样

四、皮草面料表现范例

在正确掌握了皮草面料小样的绘制技巧后，就可进行皮草面料的服装设计与手绘表现，绘制时需要注意面料本身的质感，具体可参考以下范例和效果图。

（一）皮草面料服装设计范例一

皮草面料服装设计范例一的具体绘制步骤如图6-35所示。

步骤一：绘制线稿。先用棕色针管笔绘制出人体动态和五官，勾勒出服装的轮廓及褶皱，皮草部分只需描出大致廓形即可，暂不需要画出具体的毛流。

步骤二：填充肤色。用浅肤色马克笔填充面部及身体的颜色，然后用深肤色马克笔依次勾画出眼睛、鼻子、唇部和颧骨的暗部。

步骤三：绘制服装底色。用浅粉色马克笔绘制皮草大衣，在绘制时需要将皮草看成一个整体，找到明暗关系和转折处，笔触需顺着皮草生长的方向有序排列。用浅蓝色和黄色马克笔绘制内搭吊带裙的图案，再用棕色马克笔填充双腿，最后用深肤色马克笔绘制身体的暗部。

步骤四：加深内搭吊带裙暗部。如果吊带裙细节处用马克笔控制不准的话，可选用棕色勾线笔来加深暗部，方便把控细节处的刻画。

步骤五：绘制皮草大衣图案，刻画头部。用棕色马克笔在步骤三的基础上，有序绘制皮草大衣的图案，注意图案的形状也需遵循大衣的形态。用红色马克笔绘制嘴唇和眼影部分，最后绘制头发，注意头发的整体和飘逸感。

步骤六：加深皮草大衣图案。用深棕色马克笔加深部分图案，使服装整体更立体、皮草更蓬松。注意调整细节。用高光笔点缀画面高光，调整并完成画面。

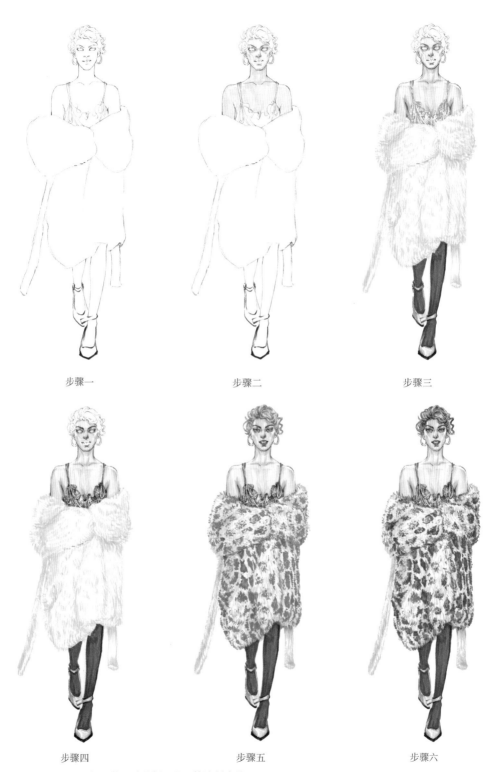

步骤一　　　　　　　　　　步骤二　　　　　　　　　　步骤三

步骤四　　　　　　　　　　步骤五　　　　　　　　　　步骤六

图6-35　皮草面料服装设计范例一的具体绘制步骤

（二）皮草面料服装设计范例二

皮草面料服装设计范例二的具体绘制步骤如图6-36所示。

步骤一　　　　　　　步骤二　　　　　　　步骤三

步骤四　　　　　步骤五　　　　　步骤六　　　　　步骤七

图6-36　皮草面料服装设计范例二的具体绘制步骤

步骤一：绘制线稿。用棕色彩铅绘制出人体动态和五官，用灰色彩铅勾勒出服装的轮廓，皮草部分简单勾勒即可。

步骤二：填充肤色。用浅粉色彩铅绘制面部及身体的颜色，用深红色彩铅依次勾画出眼睛、鼻子、唇部和颧骨的暗部，细致刻画五官。

步骤三：绘制头发、填充皮草。用红色彩铅给头发上底色，用深红色彩铅绘制头发暗部，用浅灰色马克笔绘制皮草暗部，笔触须顺着皮草生长的方向有序排列。

步骤四：加深皮草和长筒靴暗部。用灰色马克笔绘制服装的暗部，胸部与腰部为服装的拼接处，需重点刻画，长筒靴的暗部也可用灰色马克笔同时绘制，笔触需按照皮靴褶皱的方向。

步骤五：进一步加深皮草。用黑色马克笔或勾线笔对皮草暗部进行加深和点缀。

步骤六：用黑色勾线笔刻画腰部细节，用浅灰色马克笔填充靴子颜色。绘制皮草大衣图案，用棕色马克笔在步骤五的基础上，有序绘制皮草大衣的图案，注意图案的形状也需遵循大衣的形态。

步骤七：调整细节。用高光笔点缀画面高光，调整并完成画面。

（三）皮草服装设计与手绘表现赏析（图6-37~图6-39）

图6-37　皮草面料服装设计1　　　图6-38　皮草面料服装设计2　　图6-39　皮草面料服装设计3

第五节　牛仔面料

　　牛仔面料表面有着较为清晰的斜向纹理，其质地较紧密、厚实，且有着良好的耐磨性。牛仔面料经纱颜色深，一般是靛蓝色，纬纱颜色浅，一般为浅灰色或白色，所以最终呈现的颜色是非常独特的，市面上常见的除了靛蓝色牛仔面料以外，还有淡蓝色、黑色、深蓝色、蓝黑色等。牛仔面料的加工工艺也有多种，如石磨、喷砂、漂色、套色、雪花洗等，经过不同的工艺加工后会形成不同颜色和不同厚薄的牛仔面料。

　　牛仔面料最早是淘金人工作时穿戴的制服用料，后来经过传播，其耐磨耐穿的特性迅速受到大众的欢迎。如图6-40所示，当今服装设计师在保留其标志性特征（缝纫线迹）外，还会进行其他装饰性设计，不同颜色、肌理的牛仔面料拼接也给牛仔面料带来了更多创新。

图6-40　牛仔面料

一、牛仔面料的表现

　　在绘制牛仔面料时，不一定要表现出它的斜纹肌理，但有的拼接处或接缝处加固的明线或细褶需要细致地描绘，这样才能更好地表现牛仔面料的质感，突出设计细节。用马克笔表现牛仔面料时，可先进行大面积的底色填充，再用彩铅或针管笔深入刻画细节。牛仔面料小样绘制如图6-41所示。

　　步骤一：用彩铅或针管笔绘制线稿。

步骤二：用浅蓝色马克笔填充牛仔面料，画面中适当留白。

步骤三：用深色马克笔加深牛仔面料的暗部。

步骤四：继续加深牛仔面料的暗部，同时添加细节。

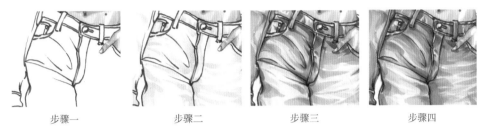

步骤一　　　　　　　　步骤二　　　　　　　　步骤三　　　　　　　　步骤四

图6-41　牛仔面料小样

二、牛仔面料表现范例

在正确掌握了牛仔面料小样的绘制后，就可进行牛仔面料的服装设计与手绘表现，绘制时需要注意面料本身的质感，具体可参考以下范例和效果图。

（一）牛仔面料服装设计范例一

牛仔面料服装设计范例一的具体绘制步骤如图6-42所示。

步骤一：绘制线稿。用棕色针管笔绘制出人体动态和五官，同时勾勒出服装的轮廓、褶皱，以及牛仔面料的缝迹线。

步骤二：填充肤色和头发颜色。用浅肤色马克笔填充面部及身体的颜色，用深肤色马克笔依次勾画出眼睛、鼻子、唇部和颧骨的暗部，嘴唇和眼白暂时留白。

步骤三：刻画头部。用深棕色马克笔绘制头发的暗部，用针管笔勾勒头发丝的细节，用红色马克笔填充唇部，深入刻画五官的细节。

步骤四：绘制毛领，填充牛仔服装。用浅灰色马克笔绘制毛领，受光源影响，右边毛领暗部要比左边多。用浅蓝色马克笔绘制牛仔服装，注意笔触的方向和服装褶皱方向一致。

步骤五：填充牛仔服装。在步骤四的基础上，用蓝色马克笔加深蓝色牛仔服装。

步骤六：加深牛仔服装暗部。用深灰色马克笔填充手臂和小腿部分的暗部，同时加深腰胯处。用深绿色马克笔对牛仔服装的拼接处、手肘转折处和裤脚进行点缀式的加深，强调牛仔面料的质感。

步骤七：加强牛仔服装细节，用蓝色马克笔调整服装的整体，突出设计细节。用黑色马克笔绘制皮包，用高光笔点缀画面高光，调整并完成画面。

步骤一　　　　　　　　　步骤二　　　　　　　　　步骤三

步骤四　　　　　　　步骤五　　　　　　　步骤六　　　　　　　步骤七

图6-42　牛仔面料服装设计范例一的具体绘制步骤

（二）牛仔面料服装设计范例二

牛仔面料服装设计范例二的具体绘制步骤如图6-43所示。

步骤一：绘制线稿。用棕色针管笔绘制出人体动态和五官，用黑色针管笔勾勒出服装的轮廓、褶皱，以及牛仔面料的缝迹线。

步骤二：填充肤色和头发颜色。用浅肤色水彩笔填充面部及身体的颜色，用深肤色水彩依次勾画出眼睛、鼻子、唇部和颧骨的暗部。

步骤三：刻画头部。用深棕色水彩加深肌肤的暗部，同时深入刻画五官的细节，接着绘制头发。

步骤四：填充服装底色。用浅蓝色水彩填充牛仔外套，用浅灰色水彩勾勒牛仔外套的暗部。用深灰色水彩填充鞋子。

步骤五：加深牛仔服装。在步骤四的基础上，用灰蓝色水彩加深牛仔外套的暗部。用深蓝色水彩对牛仔外套的褶皱处和暗部进行点缀式的加深，强化牛仔面料的质感。

步骤六：调整细节。用高光笔点缀画面高光，调整并完成画面。

步骤一　　　　　　　　　　步骤二　　　　　　　　　　步骤三

图6-43

步骤四　　　　　　　　　步骤五　　　　　　　　　步骤六

图6-43　牛仔面料服装设计范例二的具体绘制步骤

（三）牛仔服装设计与手绘表现赏析（图6-44~图6-46）

图6-44　牛仔服装设计1　　　　　图6-45　牛仔服装设计2　　　　图6-46　牛仔服装设计3

第六节　羽绒面料

羽绒面料主要用于制作羽绒服，羽绒服是内充羽绒的服装，而羽绒是一种动物羽毛纤维，绒毛呈现花朵状。羽绒上有许多细小的气孔，能随着气温的变化膨胀和收缩，同时能很好地吸收热量并隔绝外界冷空气。如图6-47所示，羽绒服体积较大，但重量轻、质地软、保暖性能好，多为冬季穿着的服装。

羽绒服中的填充物，最常见的是鹅绒和鸭绒，一般来说，相同含量的鹅绒比鸭绒的保暖性和蓬松度都好，但价格也比鸭绒贵。工人通过绗缝线将填充物固定在服装内，因此，绗缝线也成了羽绒服的标志性特点，设计师会巧妙利用这一特点，将其转化为多种多样的装饰性线条，一般常见的走线是横向和曲线。对于羽绒服的设计和羽绒面料的应用，可参考当今中国著名服装设计师陈鹏的作品，在他的作品中，羽绒服通常会突破常见或常有的廓型，创造力和吸引力极强，且极具辨识度和时尚性。

图6-47　羽绒面料

一、羽绒面料的表现

除羽绒服上的绗缝线迹外，在制作加工过程中，羽绒面料经绗缝后会产生细小的褶皱，羽绒服蓬松的质感，及其表面的光影效果和敏感性关系都需要准确把握。在绘制羽绒面料时，需要先明确光源和褶皱，勾勒好褶皱，预留出高光面积，再进行填色。羽绒面料小样绘制步骤如图6-48所示。

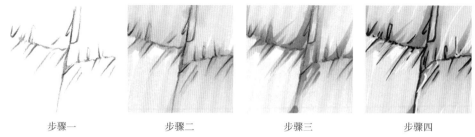

步骤一　　　　　　　步骤二　　　　　　　步骤三　　　　　　　步骤四

图6-48　羽绒面料小样

步骤一：绘制线稿，勾勒出羽绒面料的褶皱。

步骤二：用浅黄色马克笔填充面料底色。

步骤三：用棕色马克笔绘制衣褶暗部。

步骤四：用黑色勾线笔加深衣褶和纫缝线，用高光笔画出高光。

二、羽绒面料表现范例

在正确掌握了羽绒面料小样的绘制后，就可进行羽绒面料的服装设计与手绘表现，绘制时需要注意面料本身的质感，具体可参考以下范例和效果图。

（一）羽绒面料服装设计范例一

羽绒面料服装设计范例一的具体绘制步骤如图6-49所示。

步骤一　　　　　　　　步骤二　　　　　　　　步骤三

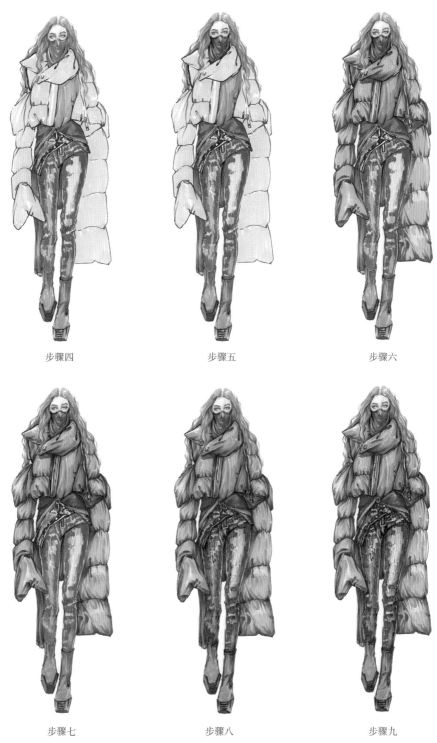

步骤四　　　　　　　　　步骤五　　　　　　　　　步骤六

步骤七　　　　　　　　　步骤八　　　　　　　　　步骤九

图6-49　羽绒面料服装设计范例一的具体绘制步骤

步骤一：绘制线稿。用棕色针管笔绘制出头发和五官，用黑色针管笔勾勒出服装的形态、褶皱，以及羽绒服的绗缝线。

步骤二：填充肤色和头发颜色。用浅粉色（肤色）马克笔填充面部的颜色，用棕色马克笔依次勾画出眼睛和眉毛的暗部，用浅灰色马克笔填充头发底色，用深棕灰色马克笔绘制头发的暗部。

步骤三：填充服装颜色。用浅绿色（偏灰）马克笔填充羽绒服，用深灰色马克笔填充围巾，用灰色马克笔填充内搭衬衫。

步骤四：绘制裤子和靴子。用浅紫色马克笔填充裤子，接着用紫色马克笔在明暗交界线处补充颜色，最后用深灰色马克笔加强暗部，最终呈现出色彩层次较多的裤子。用步骤三中填充衬衫的颜色绘制靴子，在其基础上用深灰色马克笔绘制暗部。

步骤五：绘制围巾暗部。用步骤四中绘制裤子暗部的马克笔绘制围巾的暗部，注意用笔方向和围巾褶皱的方向一致。

步骤六：绘制羽绒服。在步骤三的基础上，用绿色马克笔添加羽绒服的暗部，同时要保留部分亮部暂不填充，用深绿色马克笔勾画褶皱处暗部。

步骤七：增加羽绒服层次。用绿色、灰绿色马克笔点缀羽绒服亮部。

步骤八：增加裤子层次。使用比步骤四中更深的灰色马克笔添加裤子的暗部。

步骤九：调整细节。用高光笔点缀画面高光，调整并完成画面。

（二）羽绒面料服装设计范例二

羽绒面料服装设计范例二的具体绘制步骤如图6-50所示。

步骤一：绘制线稿。用铅笔绘制线稿，再用勾线笔勾出所有轮廓、内部结构线和褶皱线。

步骤二：填充肤色。用浅粉色彩铅填充面部和腿部的颜色，再使用粉色马克笔勾画出五官、颧骨、大腿内侧等暗部。

步骤三：深入刻画五官。用黑色勾线笔强调眼线及眉毛，增强面部妆感。用浅粉色马克笔填充头发。用浅橘色马克笔填充羽绒服上衣，用亮黄色马克笔填充毛衣，用浅灰色马克笔填充靴子。注意马克笔笔触方向要与衣服动态走向一致，切忌填充过实。

步骤四：加深服装暗部。使用橘色马克笔加深羽绒服及毛衣暗部，用深灰色马克笔画出靴子暗部。注意羽绒服独特的肌理感，画暗部时要注意线条表现。

步骤五：强化服装结构。用黑色彩铅勾勒出羽绒服和毛衣的外轮廓和内部结构。这一步主要强化衣服的结构，以便于接下来进一步深入刻画。

步骤六：使用深红色马克笔依次加深头发、羽绒服、毛衣的暗部，使画面立体感进一步加强。

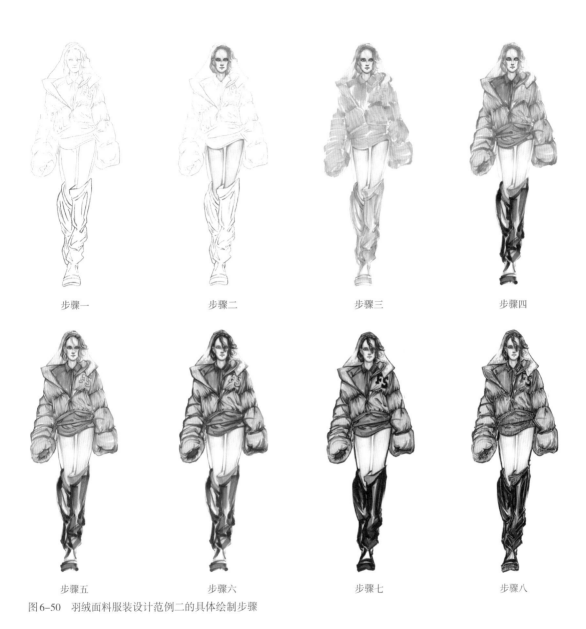

| 步骤一 | 步骤二 | 步骤三 | 步骤四 |

| 步骤五 | 步骤六 | 步骤七 | 步骤八 |

图6-50 羽绒面料服装设计范例二的具体绘制步骤

　　步骤七：使用黑色勾线笔对面部、羽绒服、毛衣靴子进行深入刻画。注意勾线时线条的虚实。

　　步骤八：绘制高光。使用白色勾线笔依次勾画头发、羽绒服、毛衣及靴子部分的亮面，注意毛衣肌理的刻画。

（三）羽绒服装设计与手绘表现赏析（图6-51~图6-54）

图6-51　羽绒服装设计1　　图6-52　羽绒服装设计2　　图6-53　羽绒服装设计3　　图6-54　羽绒服装设计4

第七节　格纹面料

　　格纹、条纹图案在时尚圈中仍然占据一席之地，且是时尚舞台上永不过时的经典元素。格纹图案有苏格兰格子、棋盘格、海军条等，它们的魅力在于多种色块和不同大小、不同比例，能构成多种组合方式，衍生出多种不同的格纹形式。如图6-55所示，在服装设计中，设计师会巧妙地运用格纹图案多样的组合方式，使服装变得十分有特色。横条纹有拉宽横向视觉的效果，竖条纹有拉伸纵向视觉的效果，设计师也会利用格纹给服装制造出不同的视觉错觉，从而遮盖住穿着者的身材缺陷。

图6-55　格纹面料

条纹的历史可以追溯到1858年最早的水手服，1917年可可·香奈儿（Coco Chanel）女士推出的航海系列，将条纹带入了时尚圈，并使其成为服装经典元素之一。格纹图案也是近些年秀场上经常会出现的元素，并占据了巨大的市场，除经典的黑白配、红蓝配外，还有很多其他颜色的搭配，演绎不同的设计风格。

一、格纹面料的表现

不同的条纹和格纹各有特色，无论是绘制条纹还是格纹，首先要注意色彩之间的相互搭配和格纹疏密、宽窄的变化；其次，条纹和格纹会受到人体结构转折、服装褶皱起伏以及服装纱线的影响而产生明显的变化，所以在表现格纹面料时，纹理需生动、多变、自然、贴合服装走势，千万不要将纹理画得横平竖直。

（一）格纹面料小样表现

格纹面料小样的绘制步骤如图6-56所示。

步骤一：用铅笔或彩铅画出格纹纹理。

步骤二：用深红色和黑色马克笔涂出细条纹和格子的颜色。

步骤三：用红色马克笔平铺面料的底色。

步骤四：用黑色马克笔画出分割的格子，用黑色针管笔勾线。

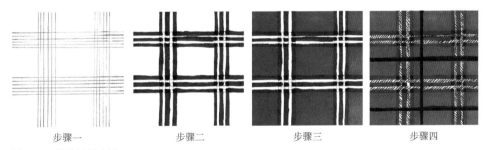

步骤一　　　　　　步骤二　　　　　　步骤三　　　　　　步骤四

图6-56　格纹面料小样

（二）条纹面料小样表现

条纹面料小样的绘制步骤如图6-57所示。

步骤一：用马克笔平铺底色。

步骤二：用方头马克笔纵向画出线条，线条的宽窄、疏密可根据实际面料进行变化。

步骤三：用深色马克笔沿着粗线条的一边，勾勒出细细的阴影。

步骤四：用高光笔绘制亮部，表现立体感。

步骤一　　　　　　　　步骤二　　　　　　　　步骤三　　　　　　　　步骤四

图6-57　条纹面料小样

二、格纹面料表现范例

　　在正确掌握了格纹面料小样的绘制后，就可进行格纹面料的服装设计与手绘表现，绘制时注意格纹纹理的表现要自然、灵动，具体可参考以下范例和效果图。

（一）格纹面料服装设计范例一

　　格纹面料服装设计范例一的具体绘制步骤如图6-58所示。

步骤一　　　　　　　　　　　步骤二　　　　　　　　　　　步骤三

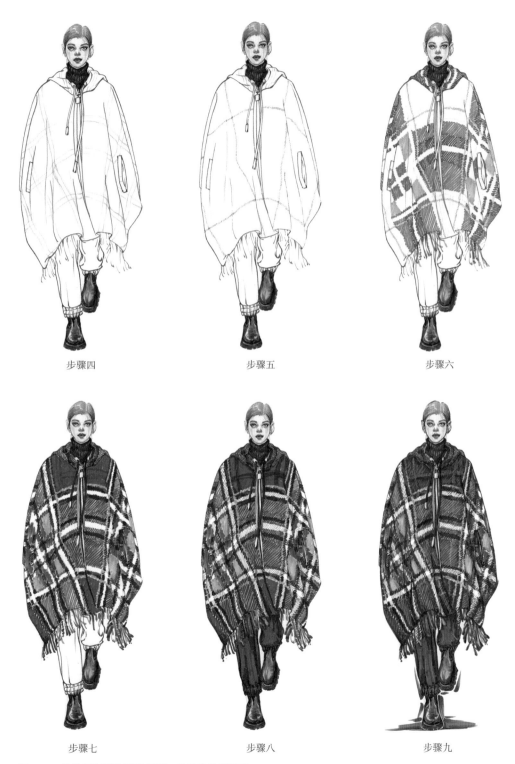

步骤四　　　　　　　　　步骤五　　　　　　　　　步骤六

步骤七　　　　　　　　　步骤八　　　　　　　　　步骤九

图6-58　格纹面料服装设计范例一的具体绘制步骤

步骤一：绘制线稿，填充肤色。用棕色针管笔绘制出头发和五官，同时勾勒出服装的形态、褶皱，用浅粉色（肤色）马克笔填充面部的颜色，用浅绿色马克笔绘制头发的底色。

步骤二：刻画头部。用肤色马克笔绘制脸颊、眼睛、鼻子和耳朵的暗部，用红色马克笔填充唇部，用灰绿色绘制头发的暗部，细致地刻画五官的细节。

步骤三：填充高领毛衣和鞋子。用灰色马克笔填充毛衣和鞋子的颜色，用深灰色马克笔绘制毛衣和鞋子的暗部，注意毛衣的质感，皮鞋的高光留白。

步骤四：绘制格纹纹理。用浅紫色彩铅绘制服装上的格纹纹理，方便接下来绘制不同颜色的格纹区域。

步骤五：绘制黄色条纹。用"斜杠"的方式绘制出黄色条纹，注意纹理的走向生动活泼。

步骤六：绘制红、绿相间格纹。同样采用步骤五的用笔方式，绘制绿色和红色的格纹，红、绿色之间须有深浅变化，受光处用颜色亮的红，背光处和暗部用暗红。

步骤七：完成格纹服装的绘制。步骤六中留白区域用蓝色马克笔进行填充，注意此时服装中颜色较多，填色时不要出现叠色，以免发生颜色混色。

步骤八：绘制裤子，调整服装细节。用蓝色马克笔填充裤子底色，用深蓝色马克笔绘制裤子的暗部，同时绘制服装的暗部，调整格纹服装的细节。

步骤九：调整画面。用高光笔点缀画面高光，调整并完成画面。

（二）格纹面料服装设计范例二

格纹面料服装设计范例二的具体绘制步骤如图6-59所示。

步骤一：绘制线稿。用棕色针管笔绘制出头发、五官和人体，同时勾勒出服装的形态、褶皱。

步骤二：填充肤色。用浅粉色（肤色）马克笔填充面部，用肤色马克笔绘制脸颊、眼睛、鼻子和耳朵的暗部，用红色马克笔填充唇部，用浅黄色马克笔绘制头发的底色，用比底色深的颜色绘制头发暗部。

步骤三：刻画头部。刻画五官和头发的细节，用土黄色马克笔填充内搭服装，用深黄色马克笔绘制暗部，注意须表现出衣服被牵拽的特点。

步骤四：绘制格纹纹理。用深灰色马克笔绘制出服装上的格纹纹理，注意排列有序，并随着服装的褶皱进行变化。用红色马克笔填充斜挎包，用黑色与灰色马克笔搭配绘制模特的皮手套。

步骤五：完成格纹图案的绘制。在步骤四的基础上，完成格纹图案的完整绘制，同时注意颜色的深浅变化。用深红色马克笔绘制斜挎包的暗部。

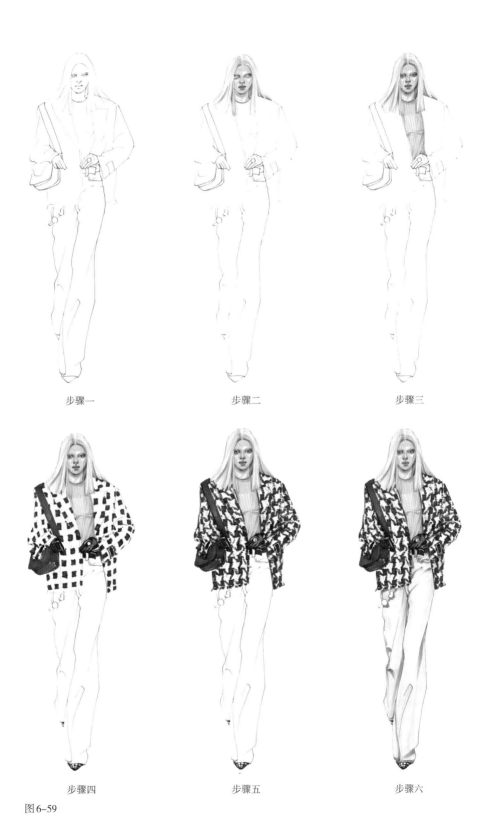

步骤一 步骤二 步骤三

步骤四 步骤五 步骤六

图6-59

步骤七   步骤八

图6-59　格纹面料服装设计范例二的具体绘制步骤

步骤六：填充牛仔裤。用淡蓝色马克笔填充牛仔裤，用蓝色马克笔绘制裤子的暗部。

步骤七：加深牛仔裤暗部。用不同深浅的蓝色马克笔加深牛仔裤的暗部，丰富牛仔裤的颜色和层次。

步骤八：调整细节。绘制裤子上的配饰，用高光笔点缀画面高光，调整并完成画面。

（三）格纹服装设计与手绘表现赏析（图6-60~图6-63）

图6-60　格纹服装设计1　　　图6-61　格纹服装设计2

图6-62　格纹服装设计3　　　图6-63　格纹服装设计4

本章小结

- 不同的面料拥有不同的特征和属性，它们对服装的形态、构成和穿着效果都有着不同程度的影响。

- 绘制薄纱面料时，一般用透出底层皮肤的方式来表现薄纱的透明感，因此需要先绘制皮肤的肤色或底层面料的颜色，然后在肤色或底层面料颜色的基础上进行适当的颜色叠加，叠色时需要考虑叠色后产生的色彩变化。

- 绘制蕾丝面料时，一定要注意区分蕾丝图案中的主次，特别是花卉主题的蕾丝图案，要对主要花朵进行精细的刻画，次要的花朵进行粗略的描绘。蕾丝面料和薄纱面料的相似之处在于都要表现出面料的通透感。

- 针织面料有纹理清晰、质地蓬松的特点，因此在绘制时需要突出其特性，也可以有规律地画出毛衣表层的纹路，强调针织质感。

- 皮革面料表层有一种特殊的粒面层，手感舒适，经常被用来制作夹克、风衣、裤子、外套等，在绘制时需要表现皮革面料本身的光泽和质感。

- 手绘表现皮草面料时，要遵循皮草的生长方向和规律，不能杂乱无章。不同质感和形态的皮草也要选择不同的笔进行绘制。

- 绘制牛仔面料时，不一定要表现出来它的斜纹肌理，但有的拼接处或接缝处加固的明线或细褶需要细致地描绘，这样能更好地表现牛仔面料的质感，突出设计细节。

- 除羽绒服上的绗缝线迹外，在制作加工过程中，羽绒面料经绗缝后会产生细小的褶皱，羽绒服蓬松的质感及其表面的光影效果和敏感性关系，在绘制羽绒面料时需要重点把握。

- 不同的条纹和格纹各有特色，无论是绘制条纹还是格纹，首先都要注意色彩之间的相互搭配和格纹疏密及宽窄的变化。

思考题

1. 不同面料拥有不同的特征和属性，它们对服装的哪些方面有不同程度的影响？

2. 掌握薄纱面料、蕾丝面料、针织面料、皮革面料、皮草面料、牛仔面料、羽绒面料以及格纹面料的绘制要点。

第七章
服装设计常见款式表现技法

课题名称：服装设计常见款式表现技法。

课题内容：通过四大类、12款常见服装款式，结合结构、设计和面料三个方面，从内到外、从上到下翔实地进行款式手绘表现与技法演示。

课题时间：12课时。

教学目的：灵活掌握不同服装款式的表现与设计。

教学方式：示范教学、实践操作。

教学要求：理论与实践结合，要求学生在课堂上进行即时的设计绘制训练。

课前（后）准备：课前准备铅笔、橡皮、纸张、马克笔、彩铅、水彩等；课后有针对性地进行大量的设计练习。

　　服装款式又称为服装样式，主要指的是服装外形结构形态和内部的细节，它既是服装结构的形式特征，又是直接反映服装艺术性、实用性和社会性的具体表现。服装款式一般由服装面料、服装结构组成，服装面料指的是服装材质；服装结构指的是服装的框架和内部组成部分，除服装廓型外，还包含服装的局部、细节、分割、结构线等。

　　在本章中，我们将服装设计中常见的款式分为裙装、外套、裤装和内衣四大类，从内到外、从上到下地进行常见款式的手绘表现与技法的讲解。作为服装设计师，我们不仅要掌握常见的款式设计，还需要根据时代背景、市场的流行趋势和客户需求，对服装的廓型、服装的局部、服装的内容、服装的形式等多方面进行综合性的设计与表达。在进行手绘设计与表现时，首先要分析服装款式和风格特征，找出其基本特点和象征意义，再采用相对应的手法进行表现。

第一节　裙装设计表现

　　腰围以下包裹在人体上的服装统称为下装，下装包括裙装和裤装，裙装是所有款式裙子的总称。随着社会的发展，裙装与上衣分开，并作为独立的服装种类出现，无论是作为套装还是与上衣搭配，裙装都可以广泛地运用到生活中。

　　裙装的款式多种多样，按不同的标准可划分为不同的种类。按长度可分为超短裙、短裙、及膝裙、中长裙、长裙和超长裙等；按廓型可分为基础型、展开型和不规则型。现代服饰中，裙装有半身裙、连衣裙以及套装裙，三种款式的裙子除了长度的变化外，其形态特征也发生了一定的变化。在进行裙装设计及手绘表现时，要根据裙装的种类、裙子的特点、面料的特性进行合适的手法表达，同时突出款式的特色和亮点。

一、休闲裙

　　休闲裙是现代流行的一种裙装类别，区别于礼服裙，它是闲暇时从事各种活动所穿着的服装，主要以舒适、轻松、时尚为主要特点，如图7-1所示。休闲裙一直都深受女性的喜爱，不仅是因其穿着舒适，还由于其适合多种不同的场合，方便与上装进行搭配，在游玩、工作、聚会、逛街等情况下都能穿着。

　　在了解休闲裙的款式和特点后，就可进行休闲裙的服装设计与手绘表现，具体可参考以下范例和效果图。

图7-1 休闲裙

（一）休闲裙服装设计范例一

休闲裙服装设计范例一的具体绘制步骤如图7-2所示。

步骤一：绘制线稿。用棕色针管笔绘制人体动态和五官，勾勒出服装的轮廓、褶皱。

步骤二：刻画头部，填充肤色。用浅肤色马克笔填充面部及身体，用深肤色马克笔依次勾画出眼睛、鼻子、唇部和颧骨的暗部，用深棕色马克笔绘制头发的暗部，用针管笔勾勒头发丝的细节，用玫红色马克笔填充唇部，深入刻画五官的细节。

步骤三：填充服装底色。用浅绿色马克笔填充上衣，用浅蓝色马克笔填充休闲裙，用灰色马克笔绘制脖子上的装饰和腰带，用红色马克笔填充项链，用浅棕色马克笔填充靴子。

步骤四：绘制上衣暗部。在步骤三的基础上，用深绿色马克笔绘制上衣暗部，注意笔触的方向须顺着服装的褶皱方向。

步骤五：绘制配饰和靴子。用棕色马克笔绘制靴子的暗部，因鞋带部分结构较复杂，需要细致且耐心地绘制清楚鞋带之间的穿插关系，用黑色马克笔加深配饰的暗部。

步骤六：调整细节。绘制休闲裙上的图案以及腰间丝巾上的图案，用高光笔点缀画面高光，调整并完成画面。

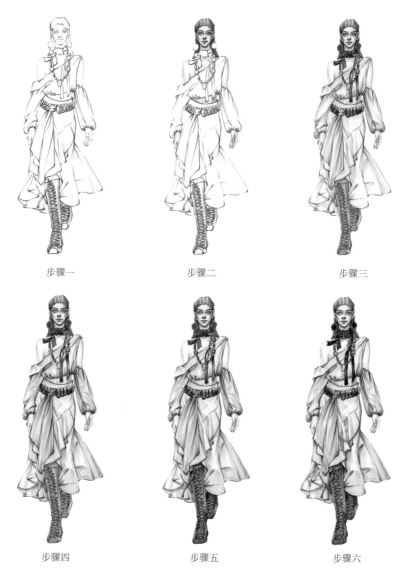

步骤一　　　　　　　　　步骤二　　　　　　　　　步骤三

步骤四　　　　　　　　　步骤五　　　　　　　　　步骤六

图7-2　休闲裙服装设计范例一的具体绘制步骤

（二）休闲裙服装设计范例二

休闲裙服装设计范例二的具体绘制步骤如图7-3所示。

步骤一：绘制线稿。用棕色针管笔绘制人体动态和五官，勾勒出服装的轮廓、褶皱。

步骤二：填充面部肤色。用浅肤色马克笔填充面部及身体的颜色，用深肤色马克笔依次勾画出眼睛、鼻子、唇部和颧骨的暗部，眼白暂时留白。

步骤三：刻画头部。用深棕色马克笔绘制头发的暗部，用针管笔勾勒头发丝的细节，用粉色马克笔填充唇部，深入刻画五官的细节。绘制耳钉装饰时，注意配饰的结构特征。

步骤四：填充上衣底色。用浅灰色马克笔填充上衣，亮部暂时留白，用灰色马克笔勾勒上衣暗部。

步骤五：完善上衣绘制。用灰色马克笔加深上衣暗部，用黑色与红色马克笔搭配绘制出内搭POLO衫的领子。

步骤六：填充裙子底色。用灰色马克笔填充裙子，用深灰色马克笔填充服装的褶皱部分，注意褶皱的表现。

步骤七：加深裙子暗部。用深灰色马克笔勾勒裙子的暗部，加强明暗对比，增强裙子的立体褶皱效果，同时刻画裙子的细节。

步骤八：调整细节。进一步加深服装整体的暗部，用高光笔点缀画面高光，调整并完成画面。

步骤一　　　　　　　步骤二　　　　　　　步骤三　　　　　　　步骤四

步骤五　　　　　　　步骤六　　　　　　　步骤七　　　　　　　步骤八

图7-3　休闲裙服装设计范例二的具体绘制步骤

（三）休闲裙服装设计与手绘表现赏析（图7-4~图7-6）

图7-4　休闲裙服装设计1　　图7-5　休闲裙服装设计2

图7-6　休闲裙服装设计3

二、礼服裙

礼服裙指的是在庄重场合或举行隆重仪式时穿着的服装。礼服裙款式新颖，面料奢华，工艺精湛，深受设计师的青睐。

如图7-7所示，在款式上，礼服裙多采用A型、X型等经典字母型设计，有的设计师会在基础型上增加夸张的细节或配饰，使其造型更加独特的同时也更具艺术美感。礼服裙会添加各种装饰细节，如刺绣、褶皱、褶边、蕾丝、镶钉等，来增添服装的层次感。在绘制礼服裙时，可以通过强调裙子的廓型或款式来表现礼服的独特造型；在表现礼服裙华丽的装饰时，则须淡化裙子的结构和造型。值得注意的是，大多数礼服裙在设计中元素使用繁杂，在手绘表现时要注意分清主次关系。

图7-7 礼服裙

在了解礼服裙的款式和特点后，就可进行礼服裙的服装设计与手绘表现，具体可参考以下范例和效果图。

（一）礼服裙服装设计范例一

礼服裙服装设计范例一的具体绘制步骤如图7-8所示。

步骤一：绘制线稿。用棕色针管笔绘制头发、五官、四肢的线稿，用同色粗号针管笔绘制服装的具体形态。

步骤二：填充肤色。用肤色马克笔（浅色）绘制面部、颈部和手臂的肤色，同时用深一色号的马克笔绘制暗部，注意不要全部填充均匀，亮面保持留白。

步骤三：绘制五官细节。用红色马克笔加深肤色的暗部，使其更有立体感，刻画五官的细节，用粉色马克笔绘制面部妆容，可点缀几颗痣作为皮肤细节。

步骤四：填充头发和鞋子颜色。先用浅黄色马克笔填充头发底色，再用棕色马克笔进行暗部的绘制，头发部分要根据发型和发丝的方向进行绘制，鞋子处要注意留出皮质鞋子的高光，手指甲可选用与鞋子相同的灰色进行绘制。

步骤一　　　　　　　　　步骤二　　　　　　　　　步骤三

步骤四　　　　　　　　　步骤五　　　　　　　　　步骤六

步骤七　　　　　　　　　　步骤八　　　　　　　　　　步骤九

图7-8　礼服裙服装设计范例一的具体绘制步骤

步骤五：刻画头部和鞋子。进一步刻画头部和鞋子的细节，充分表现皮鞋的质感和头发的蓬松感。

步骤六：填充服装。用浅蓝色马克笔进行底色填充，用灰蓝色马克笔绘制出暗部的面积和形状，暗部主要集中在褶皱处。

步骤七：丰富服装层次。用不同深浅的蓝色马克笔绘制服装暗部，增加服装暗部的层次和明暗之间的转折。

步骤八：进一步加深暗部。用深蓝色马克笔进一步加深礼服裙的暗部，突出服装的立体感。

步骤九：调整细节。用高光笔点缀画面高光，调整并完成画面。

（二）礼服裙服装设计范例二

礼服裙服装设计范例二的具体绘制步骤如图7-9所示。

步骤一：绘制线稿。用棕色针管笔绘制头发、五官、四肢的线稿，用浅绿色彩铅绘制服装的具体形态。

步骤二：填充肤色。用肤色马克笔（浅色）绘制面部、颈部和手臂的肤色，用深一色号的马克笔绘制肤色的暗部，注意不要全部填充均匀。

步骤三：绘制头发、鞋子和项链配饰。用浅黄色马克笔填充头发底色，再用棕色马克笔进行暗部绘制，头发部分要根据发型和发丝的方向进行绘制。用灰色马克笔填充鞋子和项链，用黑色马克笔加深鞋子暗部，充分表现皮鞋的质感。绘制五官细节。用深肤色马克笔加深肌肤的暗部，使其更有立体感。

　　步骤四：填充服装。用浅绿色马克笔进行裙子底色的填充，笔触方向和服装的褶皱方向一致。

　　步骤五：刻画头部。刻画五官的细节，用粉色马克笔绘制面部妆容。用深绿色马克笔绘制裙子的暗部，可用软头马克笔进行细节绘制。

　　步骤六：调整细节。用高光笔点缀画面高光，调整并完成画面。

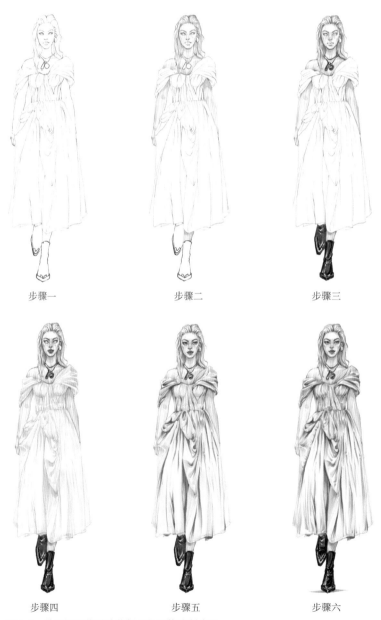

步骤一　　　　　　　　步骤二　　　　　　　　步骤三

步骤四　　　　　　　　步骤五　　　　　　　　步骤六

图7-9　礼服裙服装设计范例二的具体绘制步骤

（三）礼服裙服装设计与手绘表现赏析（图7-10~图7-12）

图7-10　礼服裙服装设计1

图7-11　礼服裙服装设计2

图7-12　礼服裙服装设计3

三、直身裙

直身裙也被称为筒裙，是裙装中的基础款，直身裙廓型呈H型，具有方便、简约、实用等特点，也是女性衣橱中必备的裙型。直身裙是裙子的原型，比较符合人体的基本形态，其他类型的裙装都是由它演变而来的，如图7-13所示。直身裙的款式变化主要体现在裙子的长短变化、褶裥细节和分割线上，因此在设计和绘制直身裙时需要重点考虑内部结构的变换。

图7-13　直身裙

在了解直身裙的款式和特点后，就可进行直身裙的服装设计与手绘表现，具体可参考以下范例和效果图。

（一）直身裙服装设计范例一

直身裙服装设计范例一的具体绘制步骤如图7-14所示。

步骤一：绘制线稿。用棕色针管笔绘制头发、五官、四肢的线稿，用黑色针管笔绘制服装的具体形态。

步骤二：填充肤色。用肤色马克笔（浅色）绘制面部、颈部和手臂的肤色，用深一色号的马克笔绘制肤色的暗部，注意不要全部填充均匀。

步骤三：绘制头发和五官。用深肤色马克笔加深肌肤的暗部，使其更有立体感，刻画五官的细节。用粉色马克笔填充头发底色，用棕色马克笔根据头发丝缕方向绘制暗部。

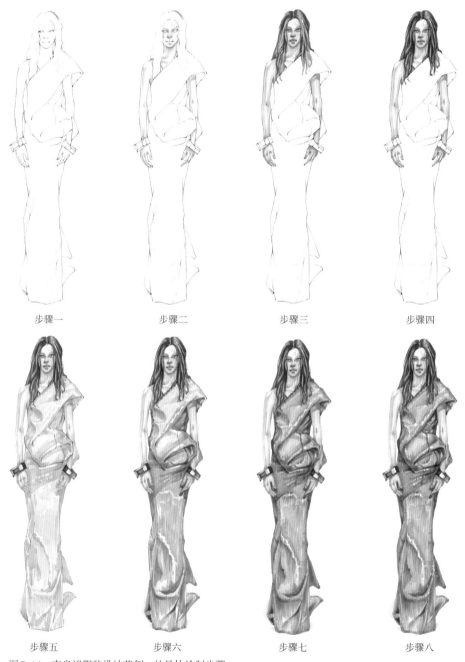

步骤一　　　　　　步骤二　　　　　　步骤三　　　　　　步骤四

步骤五　　　　　　步骤六　　　　　　步骤七　　　　　　步骤八

图7-14　直身裙服装设计范例一的具体绘制步骤

步骤四：刻画头部。进一步刻画头发和五官细节，用勾线笔勾勒出部分头发丝缕。

步骤五：填充服装。用浅灰色马克笔进行裙子底色的填充，笔触方向和服装的褶皱方向一致，首饰用深灰色马克笔进行绘制。

步骤六：绘制服装暗部。用灰色（偏绿）马克笔绘制服装的暗部，注意褶皱处的笔触要干净、利落，用蓝色马克笔绘制裙摆。

步骤七：加深裙子暗部。用深绿色马克笔绘制裙子的暗部，可用软头马克笔进行细节绘制，须充分表达服装褶皱的明暗关系，同时增加服装的层次感。

步骤八：调整细节。用高光笔点缀画面高光，调整并完成画面。

（二）直身裙服装设计范例二

直身裙服装设计范例二的具体绘制步骤如图7-15所示。

步骤一　　　　　　　步骤二　　　　　　　步骤三

步骤四　　　　　　　步骤五　　　　　　　步骤六

图7-15　直身裙服装设计范例二的具体绘制步骤

步骤一：绘制线稿。用棕色针管笔绘制头发、五官、四肢以及服装的具体形态。

步骤二：填充肤色。用浅肤色马克笔绘制面部和颈部的肤色，用深一色号的马克笔绘制肤色的暗部，注意不要全部填充均匀。

步骤三：加深面部。重点加深眉毛、鼻子、下巴和颧骨凹陷处的暗部，同时用浅绿色马克笔绘制针织长袖的暗部。

步骤四：绘制针织上衣。用灰绿色、灰蓝色马克笔绘制针织长袖，用深灰色马克笔点缀衣袖的暗部。在绘制时需要突出针织面料的肌理感，同时也要注意表现上衣的毛边肌理。

步骤五：绘制裙子底色。用灰色马克笔根据裙子的褶皱方向和形态进行绘制，充分保留褶皱的亮部，用深灰绿马克笔加深外套和针织长袖的暗部，调整上衣细节和大的明暗关系。

步骤六：绘制裙子的暗部和薄纱。用绿色马克笔绘制裙子的薄纱，同时用深灰色马克笔丰富裙子暗部的层次感，突出服装的质感。调整细节，用高光笔点缀画面高光，调整并完成画面。

（三）直身裙服装设计与手绘表现赏析（图7-16~图7-18）

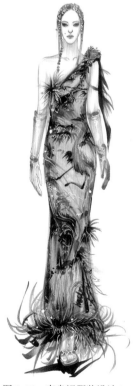

图7-16　直身裙服装设计1　　图7-17　直身裙服装设计2　　图7-18　直身裙服装设计3

四、褶皱裙

褶皱具有极强的装饰性和功能性，通常能赋予服装丰富的造型变化，也被设计师们广泛应用到裙装、外套和上衣中，甚至一些服装的局部装饰也会添加褶皱工艺。褶皱的形成及分类在第五章第三节服装褶皱绘制中已详细阐述，褶皱裙是抽褶服装中最具代表性的类别，如图7-19所示，设计师会将较长的面料进行抽褶、缝制等工艺，使其形成不规则或规则的褶皱，再应用到裙子上，使裙装看起来更加别致和美观。

图7-19　褶皱裙

在了解褶皱裙的款式和特点后，就可进行褶皱裙的服装设计与手绘表现，具体可参考以下范例和效果图。

（一）褶皱裙服装设计范例一

褶皱裙服装设计范例一的具体绘制步骤如图7-20所示。

步骤一：绘制线稿。用棕色针管笔绘制头发、五官、四肢以及服装的具体形态，腰部以下的褶皱也需要绘制出来，方便后续上色。

步骤二：填充肤色。用肤色马克笔（浅色）绘制面部、颈部、手部和腿部的肤色，用深一色号的马克笔绘制肤色的暗部，注意不要全部填充均匀，用红色马克笔填充唇部颜色。

步骤三：刻画五官细节。用深肤色马克笔加深肌肤的暗部，使其更有立体感。刻画五官的细节，特别是眼睛、鼻子、嘴巴。用灰色马克笔填充头发。

步骤四：绘制鞋子。用浅绿色马克笔填充鞋子底色，转折处注意留白，用黑色马克笔绘制鞋子边缘。

步骤五：填充服装底色。用浅蓝色、浅紫色有规律地对裙子底色进行填充，用浅紫色马克笔绘制耳饰。

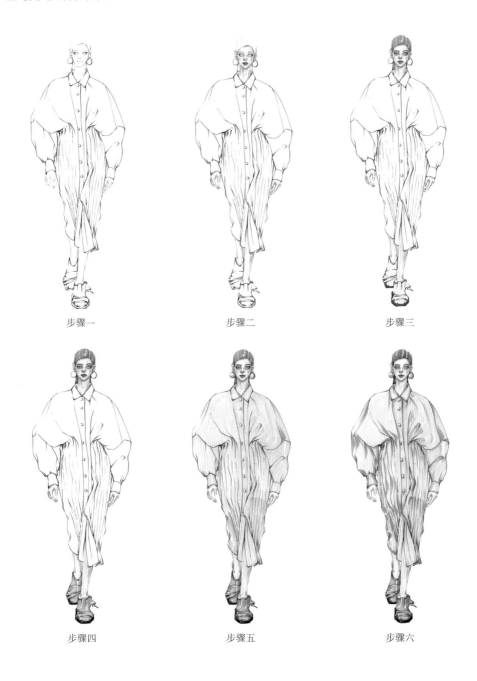

步骤一　　　　　　　　　步骤二　　　　　　　　　步骤三

步骤四　　　　　　　　　步骤五　　　　　　　　　步骤六

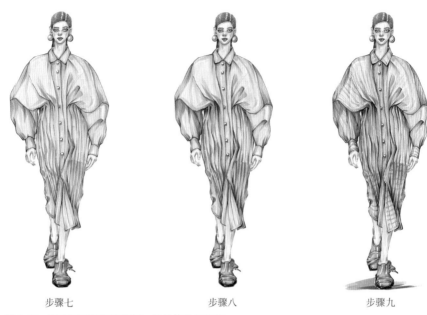

步骤七　　　　　　　　　　步骤八　　　　　　　　　　步骤九

图7-20　褶皱裙服装设计范例一的具体绘制步骤

步骤六：绘制裙子暗部。用深蓝色马克笔绘制蓝色区域的暗部，用紫色马克笔绘制紫色区域的暗部，笔触方向和服装的褶皱方向保持一致。

步骤七：增加裙子层次感。用不同深浅度的蓝色和紫色马克笔，丰富裙子的暗部。

步骤八：进一步加深裙子暗部。用深蓝色、深紫色马克笔加深裙子的暗部，可用软头马克笔进行细节绘制。

步骤九：调整细节。用高光笔点缀画面高光，用蓝色针管笔绘制裙子的格纹，调整并完成画面。

（二）褶皱裙服装设计范例二

褶皱裙服装设计范例二的具体绘制步骤如图7-21所示。

步骤一：绘制线稿。用棕色针管笔绘制头发、五官及四肢的线稿，用绿色针管笔绘制裙子的形态和褶皱位置。

步骤二：填充肤色。用肤色马克笔（浅色）绘制面部、颈部和四肢的底色，用深色马克笔绘制暗部，注意不要全部填充均匀，部分亮面保持留白。

步骤三：绘制褶皱裙底色。用浅蓝色马克笔根据褶皱裙的褶皱方向进行点缀式填充，亮部注意留白，用灰色马克笔填充鞋子。

步骤四：绘制头部。刻画眉毛、眼睛、鼻子和嘴巴的暗部，保持五官的精致和通透感，深入刻画五官细节，增强五官的立体效果。用黄色马克笔填充头发的底色，用棕色马克笔根据发丝方向绘制暗部，用浅灰色马克笔填充上衣，用灰色马克笔点缀上衣的装饰细节。

步骤五：绘制褶皱裙的暗部。用蓝色马克笔在步骤四的基础上，绘制褶皱裙的暗部，用笔方向与褶皱折痕方向保持一致，最后绘制鞋子的暗部。

步骤六：调整细节。用高光笔点缀画面高光，用蓝色针管笔绘制裙子的格纹，调整并完成画面。

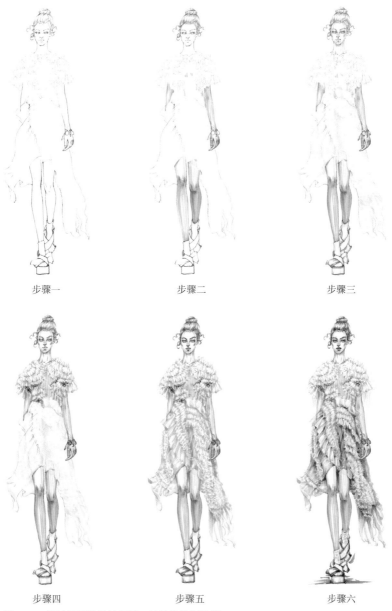

步骤一　　　　　　　　　　步骤二　　　　　　　　　　步骤三

步骤四　　　　　　　　　　步骤五　　　　　　　　　　步骤六

图7-21　褶皱裙服装设计范例二的具体绘制步骤

（三）褶皱裙服装设计与手绘表现赏析（图7-22~图7-25）

图7-22　褶皱裙服装设计1　　　图7-23　褶皱裙服装设计2

图7-24　褶皱裙服装设计3　　　图7-25　褶皱裙服装设计4

第二节　外套设计表现

外套指的是人们穿着在最外面的服装，其体积一般较大，穿着时可覆盖身上的其他衣服。外套按长度可分为短外套、中长外套、长外套；按季节可分为春夏外套和秋冬外套。季节不同，外套所用的面料也不同，春夏以透气轻薄为主，秋冬以保暖厚重为主。

外套是服装款式中重要的单品，也是女装设计中不可缺少的关键单品，本小节从外套的外观上，将外套分为西装外套、风衣外套、大衣外套和休闲外套，在绘制时，要充分表现外套的款式特点和面料的厚薄之分。

一、西装外套

西装是一种较为正式的服装款式，造型上延续了男士礼服的基本形式，适用范围较广，也是国际场合公认的指导性服装，即国际服。并非所有的西装都是正式服装，在近些年的发展中，随着流行趋势的变化和人们思想观念的变更，出现了休闲西装和运动西装。西装也是一种中性化的服装款式，既可用精纺面料来表现西装的正式和经典，也可用新型面料表现西装的前卫和时尚（图7-26）。

图7-26　西装外套

在进行西装外套的设计与手绘表现时，除了对西装款式特征进行强调以外，还需要注意用笔的干脆、肯定、不拖沓，以此来表现西装的挺括。了解西装外套的款式和特点后，就可进行西装外套的服装设计与手绘表现，具体可参考以下范例和效果图。

（一）西装外套设计范例一

西装外套设计范例一的具体绘制步骤如图7-27所示。

步骤一：绘制线稿。用棕色针管笔绘制头发、五官、四肢的线稿，用蓝色彩铅绘制服装的具体形态，服装上的装饰圈可以提前绘制出来，方便后续上色定位。

步骤二：填充肤色。用肤色马克笔（浅色）绘制面部、颈部、手部和腿部的肤色，用深一色号的马克笔绘制肤色的暗部，注意不要全部填充均匀，用红色马克笔填充唇部颜色。

步骤三：刻画五官细节。用深肤色马克笔加深肌肤的暗部，使其更有立体感，刻画五官的细节，特别是眼睛、鼻子、嘴巴。用灰色马克笔填充头发以及背包、鞋子配件。

步骤四：绘制背包和鞋子。用浅灰色马克笔填充鞋子和背包的底色，注意高光处留白，同时完成头发的绘制。

步骤五：填充服装底色。用浅蓝色马克笔对服装底色进行填充，服装上的装饰圈暂时留白。

步骤六：绘制服装装饰圈。用灰色马克笔绘制服装上的装饰圈，控制好明暗关系，通过阴影表现立体感。

步骤一　　　　　　步骤二　　　　　　步骤三

图7-27

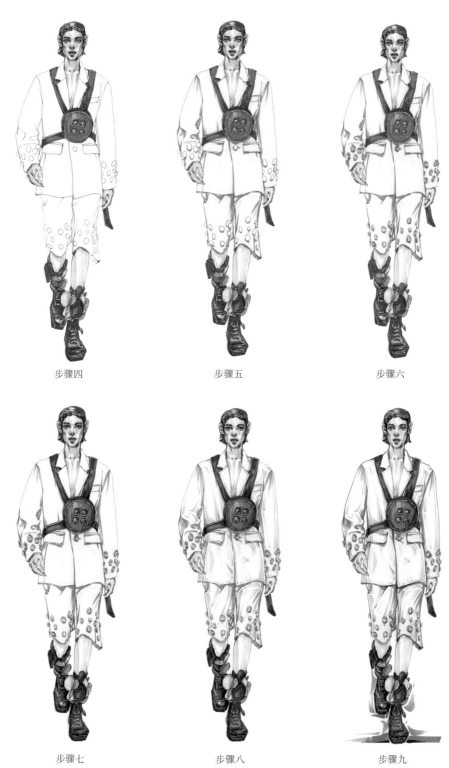

步骤四　　　　　　　　　　步骤五　　　　　　　　　　步骤六

步骤七　　　　　　　　　　步骤八　　　　　　　　　　步骤九

图7-27　西装外套设计范例一的具体绘制步骤

步骤七：加深背包和鞋子暗部。用黑色马克笔进一步加深背包和鞋子的暗部，同时表现出背包和鞋子的皮质感。

步骤八：刻画服装。用灰色马克笔绘制服装的暗部，可用软头马克笔进行细节勾勒，不同的笔触和颜色深浅的变化能增加服装暗部的层次感。

步骤九：调整细节。用高光笔点缀画面高光，调整并完成画面。

（二）西装外套设计范例二

西装外套设计范例二的具体绘制步骤如图7-28所示。

步骤一：绘制线稿。用棕色针管笔绘制头发、五官、四肢的线稿，用黑色针管笔绘制服装的具体形态。

步骤二：填充肤色。用肤色马克笔（浅色）绘制面部和颈部的肤色，用深一色号的马克笔绘制肤色的暗部，注意不要全部填充均匀，用粉红色马克笔填充唇部颜色以及眼睛暗部。

步骤三：绘制头发。用浅灰色马克笔填充头发和眼睛，用深灰色马克笔绘制头发的暗部，注意理清头发的走向。

步骤一　　　　　　　　步骤二　　　　　　　　步骤三

图7-28

步骤四　　　　　　　　　　步骤五　　　　　　　　　　步骤六

步骤七　　　　　　　　　　步骤八　　　　　　　　　　步骤九

图7-28　西装外套设计范例二的具体绘制步骤

步骤四：刻画五官细节。特别是眼睛、鼻子、嘴巴。用深色马克笔再次加深头发的暗部，拉大头发的明暗关系对比。用灰色马克笔填充衬衫底色，用深灰色马克笔绘制衬衫暗部。

步骤五：加深衬衫暗部。用黑色马克笔进一步加深衬衫暗部，同时绘制好皮带和鞋子，鞋子的高光留白，从而突出鞋子质感。

步骤六：填充服装底色。用浅灰棕马克笔填充服装底色。

步骤七：绘制服装暗部。用灰棕色马克笔绘制服装的暗部，此套西装面料较柔软，垂褶、堆叠褶较多，因此要根据褶皱和服装的转折进行暗部的绘制。

步骤八：加深服装暗部。用深棕色马克笔进一步加深服装的暗部，拉大明暗关系，增加服装暗部的层次感。

步骤九：调整细节。用高光笔点缀画面高光，调整并完成画面。

（三）西装外套设计与手绘表现赏析（图7-29~图7-32）

图7-29 西装外套设计1　　图7-30 西装外套设计2　　　图7-31 西装外套设计3　　图7-32 西装外套设计4

二、风衣外套

风衣适合春、秋、冬三季，是近二三十年比较流行的外套款式。如图7-33所示，风衣虽不是每年当季最流行的服装，但它永远不会过时，且每个女性的衣柜中至少有一件基础款的经典风衣外套。风衣在款式上没有太大变化，除了长短变化外还有局部（如领子、衣袖、腰带、扣子等）细节的变化，风衣按照长度可分为长款风衣、中长款风衣、中款风衣和短款风衣。在进行服装设计与手绘表现时，我们要充分考虑穿着者的身材比例、身高和某些特殊要求，匹配合适的风衣外套。

图7-33　风衣外套

在了解风衣外套的款式和特点后，就可进行风衣外套的服装设计与手绘表现，具体可参考以下范例和效果图。

（一）风衣外套设计范例一

风衣外套设计范例一的具体绘制步骤如图7-34所示。

步骤一：绘制线稿。用棕色针管笔绘制头发、五官及四肢的线稿，用黑色针管笔绘制服装形态和靴子。

步骤二：填充肤色。用肤色马克笔（浅色）绘制面部、颈部和手部，同时加深肤色，用红色马克笔加深肤色的暗部，使其更有立体感，注意不要全部填充均匀，亮面保持留白。

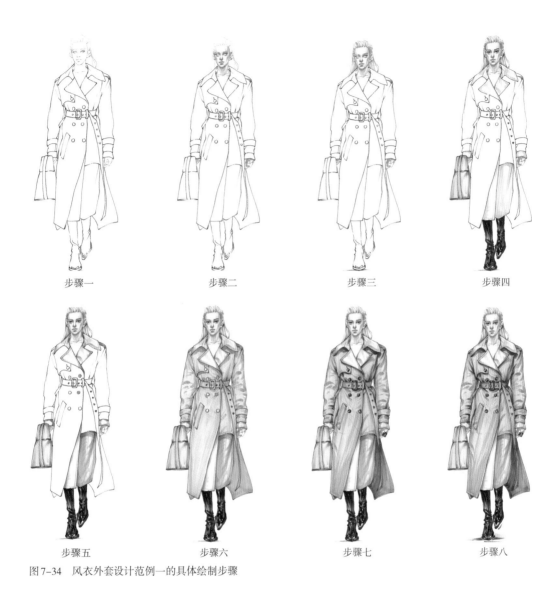

步骤一　　　　　　步骤二　　　　　　步骤三　　　　　　步骤四

步骤五　　　　　　步骤六　　　　　　步骤七　　　　　　步骤八

图7-34　风衣外套设计范例一的具体绘制步骤

　　步骤三：绘制头发。用浅黄色马克笔绘制头发底色，用黄色马克笔绘制头发暗部，注意笔触要符合头发丝缕的朝向。

　　步骤四：绘制头部、靴子和手提包。深入刻画五官细节，增强五官的精致美。用灰色马克笔填充靴子，用黑色马克笔绘制靴子暗部，高光留白。用浅绿色马克笔给手提包铺底色，用绿色和深绿色马克笔绘制手提包暗部，充分表现手提包面料的质感。

　　步骤五：填充领子和内搭底色。用浅灰色马克笔填充翻领和内搭底色，注意明暗关系的处理。

　　步骤六：填充大衣底色。用浅绿色马克笔填充大衣底色，用笔大胆果断且干净，用深一色号的马克笔绘制服装暗部。

步骤七：加深大衣暗部。在步骤六的基础上，用深绿色马克笔加深暗部，加强明暗对比，突出立体感。用棕色马克笔绘制纽扣和其他配饰。

步骤八：调整细节。用高光笔点缀画面高光，调整并完成画面。

（二）风衣外套设计范例二

风衣外套设计范例二的具体绘制步骤如图7-35所示。

步骤一：绘制线稿。用棕色针管笔绘制头发、五官、四肢以及服装的具体形态，围巾上的图案可先用彩铅大致勾勒出来。

步骤二：填充肤色。用肤色马克笔（浅色）绘制面部和手部，用深一色号的马克笔绘制肤色的暗部，注意不要全部填充均匀。

步骤三：绘制头发。用黄色马克笔填充头发，用棕色马克笔绘制头发的暗部，暗部的笔触须跟随头发和发型的形态，同时刻画五官的细节。

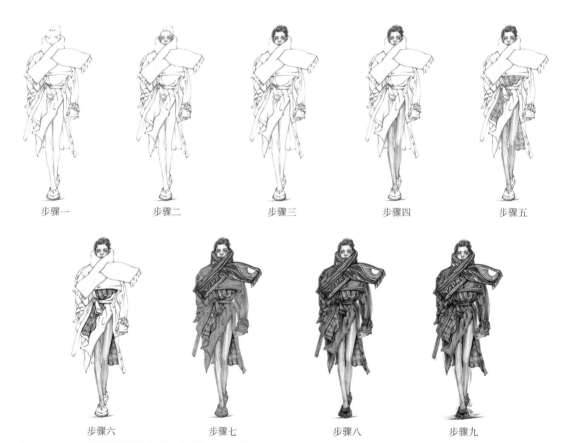

步骤一　　　　步骤二　　　　步骤三　　　　步骤四　　　　步骤五

步骤六　　　　步骤七　　　　步骤八　　　　步骤九

图7-35　风衣外套服装设计范例二的具体绘制步骤

步骤四：绘制丝袜。腿部穿着丝袜后，会呈现出不同的颜色变化，可先用肤色马克笔进行底色的填充，用灰色、紫色马克笔绘制腿部的暗部，同时用紫色马克笔绘制丝袜的图案。

步骤五：绘制格纹图案。用棕色马克笔绘制格纹图案，若无法掌控留白效果，可先用铅笔或棕色彩铅勾勒出格纹图案，再用马克笔绘制。

步骤六：加深格纹图案暗部。用深棕色马克笔绘制暗部，注意面料的转折。

步骤七：填充服装底色。用灰色马克笔填充服装和鞋子，用深灰色马克笔绘制围巾，注意保留围巾上的图案。

步骤八：加深服装暗部。用深灰色马克笔进一步加深服装的暗部，突出明暗关系，增加服装暗部的层次感。

步骤九：调整细节。用高光笔点缀画面高光，调整并完成画面。

（三）风衣外套设计与手绘表现赏析（图7-36~图7-39）

图7-36　风衣外套设计1　　图7-37　风衣外套设计2　　图7-38　风衣外套设计3　　图7-39　风衣外套设计4

三、大衣外套

广义上大衣指的是穿在一般衣服外面具有防风御寒作用的外衣，长度至腰部及以下，狭义上大衣指的是材质厚重的呢子大衣。如图7-40所示，大衣的款式随流行趋势而不断变化，无固定格式，有的采用戗驳领的单、双排扣形式，有的采用牛角扣的门襟，有的还配以腰带等配件。一般大衣外套可按照长度、面料和用途进行分类，是比较好搭配的单品，既可与运动服、休闲服搭配彰显时髦前卫，又可搭配正装出席正式场合，还可与短裙、短裤搭配。

在了解大衣外套的款式和特点后，就可进行大衣外套的服装设计与手绘表现，具体可参考以下范例和效果图。

图7-40　大衣外套

（一）大衣外套服装范例一

大衣外套设计范例一的具体绘制步骤如图7-41所示。

步骤一：绘制线稿。用紫色针管笔绘制头发、五官及四肢的线稿，用棕色针管笔绘制服装和鞋子的款式。

步骤二：填充肤色。用肤色马克笔（浅色）绘制面部、颈部和手部，同时加深肤色，用红色马克笔加深肤色的暗部，使其更有立体感，注意不要全部填充均匀，墨镜暂时留白。

步骤三：绘制头发和墨镜。用浅灰色马克笔绘制头发底色，用灰色马克笔绘制头发暗部，注意笔触要顺着头发丝缕的朝向。用红色马克笔填充墨镜镜片底色，用棕色马克笔填充镜框底色。绘制花衬衫。用紫色马克笔填充衬衫底色，在底色的基础上，用黄色、红色马克笔绘制衬衫图案，注意色彩之间的协调统一。

步骤四：填充服装和鞋子底色。用浅粉色马克笔填充大衣底色，用浅紫色马克笔填充装饰条底色，用紫色马克笔填充鞋子底色，在填充底色时，用笔须干净利落。

步骤五：绘制服装暗部。用粉色马克笔绘制服装的暗部。用紫色马克笔以点缀的方式绘制装饰条，增加装饰条的颗粒质感。

步骤六：调整细节。用高光笔点缀画面高光，调整并完成画面。

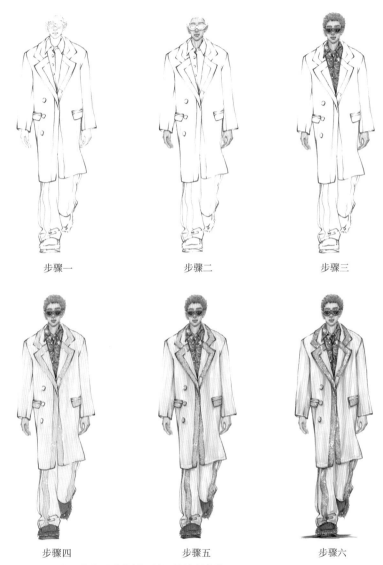

步骤一　　　　　　　　　　步骤二　　　　　　　　　　步骤三

步骤四　　　　　　　　　　步骤五　　　　　　　　　　步骤六

图7-41　大衣外套设计范例一的具体绘制步骤

（二）大衣外套设计范例二

大衣外套设计范例二的具体绘制步骤如图7-42所示。

步骤一：绘制线稿。用棕色针管笔绘制头发、五官、腿部以及服装形态。

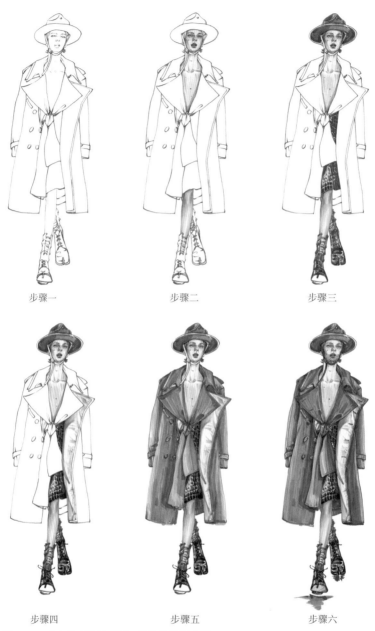

步骤一　　　　　　　　步骤二　　　　　　　　步骤三

步骤四　　　　　　　　步骤五　　　　　　　　步骤六

图7-42　大衣外套设计范例二的具体绘制步骤

　　步骤二：填充肤色，刻画五官细节。用肤色马克笔（浅色）填充面部、颈部、躯干和腿部，同时加深肤色，使其更有立体感，注意不要全部填充均匀，亮面保持留白。接着重点绘制眼睛、鼻子、嘴巴，用褐色马克笔或针管笔点缀身体上的痣，绘制躯干和腿部的暗部，增强立体感。

　　步骤三：绘制帽子、鞋子和大衣的皮革面料。用浅灰绿马克笔填充帽子底色，注意帽檐处留白一圈，用深灰绿马克笔绘制帽子暗部。用灰色马克笔填充鞋子和皮革面料，注意皮革面料须根据质感进行留白处理。

步骤四：绘制大衣翻折面。用灰色（偏绿）马克笔绘制大衣翻折面，注意这里因面料原因产生了许多褶皱，须有取舍地进行绘制，同时用深色马克笔绘制暗部，增强面料的转折对比。

步骤五：绘制大衣。用浅绿色填充大衣底色，用笔要大胆果断且干净，用深一色号的马克笔绘制服装暗部。接着加深大衣暗部。用深绿色马克笔加深暗部，增强明暗对比，突出立体感。

步骤六：绘制蕾丝口罩。用绿色针管笔以交叉的形式绘制蕾丝口罩，运笔走向须围绕下巴和脸部形状。用高光笔点缀画面高光，调整并完成画面。

（三）大衣外套设计与手绘表现赏析（图7-43~图7-46）

图7-43　大衣外套设计1　　图7-44　大衣外套设计2　　图7-45　大衣外套设计3　　图7-46　大衣外套设计4

四、休闲外套

休闲外套是人们在闲暇时参加各种娱乐活动所穿着的服装，它的适用场合较多，日常工作中也经常看到。与西装相比，休闲外套穿着起来更舒适，同时更便于人们活动，给人轻松、自在的感觉。如图7-47所示，常见的休闲外套主要包括夹克衫、运动外套、牛仔外套等。

图7-47　休闲外套

在了解休闲外套的款式和特点后，就可进行休闲外套的服装设计与手绘表现，具体可参考以下范例和效果图。

（一）休闲外套设计范例一

休闲外套设计范例一的具体绘制步骤如图7-48所示。

步骤一：绘制线稿。用棕色针管笔绘制头发、五官、四肢以及服装形态。

步骤二：绘制头发和五官。用黄色马克笔填充头发底色，用棕色马克笔绘制头发暗部，同时刻画五官的细节，特别是眼睛、鼻子、嘴巴。

步骤三：绘制服饰黑色部分。绘制帽子、皮带、配饰以及裤脚的深色部分，用浅灰色马克笔填充底色，用黑色马克笔绘制暗部，注意高光留白。用灰色马克笔填充鞋子，用黑色马克笔绘制鞋子暗部，在绘制时要充分表现鞋子的皮革质感。

步骤四：填充牛仔裤底色。用浅蓝色马克笔填充牛仔裤，用蓝色马克笔勾勒出牛仔裤褶皱的暗部。

步骤五：加深牛仔裤暗部。在步骤四的基础上加深牛仔裤的暗部，增强明暗之间的对比，同时用深绿色马克笔对暗部进行点缀，丰富暗部层次。

步骤六：绘制外套。用浅灰绿马克笔绘制服装暗部，用灰绿色马克笔加深服装的暗部，为了表现外套的面料质感，运用转笔的方式进行绘制。

步骤七：加深外套暗部。用不同深浅的灰绿色马克笔绘制服装的暗部，增添暗部的明暗变化。调整细节。用高光笔点缀画面高光，调整并完成画面。

步骤一　　　　　　　　步骤二　　　　　　　　步骤三　　　　　　　　步骤四

步骤五　　　　　　　　步骤六　　　　　　　　步骤七

图7-48　休闲外套设计范例一的具体绘制步骤

（二）休闲外套设计范例二

休闲外套设计范例二的具体绘制步骤如图7-49所示。

步骤一：绘制线稿。用红色针管笔绘五官，用黑色针管笔绘制服装和头发的线稿。

步骤二：绘制头发和五官。用肤色马克笔（浅色）绘制面部、颈部和手部，用红色
马克笔加深肤色的暗部，使其更有立体感，注意不要全部填充均匀。用浅灰色马克笔绘

制头发底色，用灰色马克笔绘制头发暗部，注意笔触要顺着头发丝缕的朝向。认真刻画五官的细节，模特面部的绿色油彩也可以绘制出来。

步骤三：勾勒服装暗部。用灰色马克笔勾勒出服装的暗部，注意暗部与服装褶皱相结合。

步骤四：点缀粉色扎染图案。用粉色马克笔不规则地点缀出扎染图案。

步骤五：点缀灰色扎染图案。用灰色马克笔在步骤四的基础上再次点缀出灰色的扎染图案，不要全部覆盖住粉色。

步骤六：深入刻画服装装饰扎染图案。用粉红色马克笔和黑色马克笔提高扎染图案的亮度和饱和度。调整细节。用高光笔点缀画面高光，调整并完成画面。

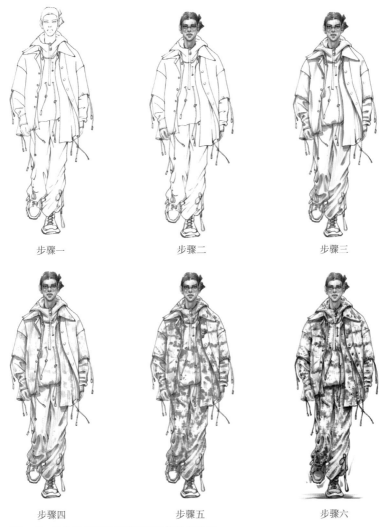

步骤一　　　　　　　　步骤二　　　　　　　　步骤三

步骤四　　　　　　　　步骤五　　　　　　　　步骤六

图7-49　休闲外套设计范例二的具体绘制步骤

（三）休闲外套设计与手绘表现赏析（图7-50~图7-53）

图7-50　休闲外套设计1　　　图7-51　休闲外套设计2　　　图7-52　休闲外套设计3　　　图7-53　休闲外套设计4

第三节　裤装设计表现

　　裤装是所有裤子款式的总称，在服装设计中，裤子是最容易被忽视的，但在整体搭配中的作用却不容小觑，它是服装设计中必不可少的单品。

　　与裙装不同的是，由于裤子须包裹腿部，即使是非常宽松的裤子，也会受到腿部活动的影响，在设计时需要仔细考虑裆部和胯部的形态。男装裤子和女装裤子在结构上也有区分，女性的腰节比男性腰节高，这就决定了女裤的裤长和立裆都长于男裤。

　　裤子的设计和绘制可以简单大方，也可以夸张独特，若采用简单大方的裤子则须搭配层次多变的上衣，可以衬托上衣的特点；若选择夸张独特的裤子则须选择简单的上衣，以这种搭配方式来集中视觉焦点。

一、运动裤

运动裤是运动时所穿着的裤子，对面料有着特殊的要求，面料须具有弹性好、透气性好、吸湿排汗和速干的特点，受"成衣运动化、运动服装成衣化"的潮流趋势影响，运动裤不再局限在运动时穿着，如图7-54所示，它反而成了人们日常穿着的裤装之一，运动裤的装扮也代表穿着者的一种积极向上的生活方式。

图7-54　运动裤

在了解运动裤的款式和特点后，就可进行运动裤的服装设计与手绘表现，具体可参考以下范例和效果图。

（一）运动裤设计范例一

运动裤设计范例一的具体绘制步骤如图7-55所示。

步骤一：绘制线稿。用铅笔绘制五官、四肢以及服装的具体形态，服装上的分割线可以大致勾勒出来。

步骤二：填充肤色。用水彩调出肤色，绘制面部和手部的颜色，用深一色号的水彩绘制肤色的暗部，注意不要全部填充均匀。

步骤三：绘制五官和头发。重点对五官进行深入刻画，露出来的头发部分较少，也可顺带一起绘制。

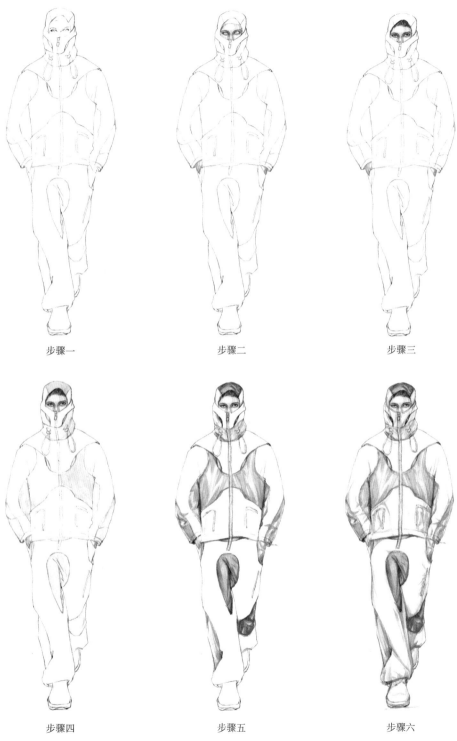

步骤一　　　　　　　　　步骤二　　　　　　　　　步骤三

步骤四　　　　　　　　　步骤五　　　　　　　　　步骤六

图7-55

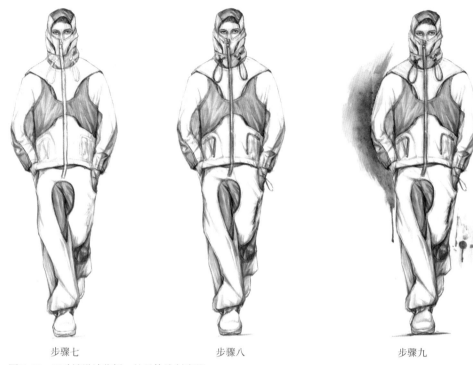

步骤七　　　　　　　　　　步骤八　　　　　　　　　　步骤九

图7-55　运动裤设计范例一的具体绘制步骤

步骤四：绘制服装拼接处。将棕色水彩稀释后填充在服装拼接处。

步骤五：绘制棕色面料的暗部。在步骤四的水彩中加入棕色后绘制服装的暗部，再次加入深色绘制腿部、裆部以及服装侧缝处的暗部。

步骤六：绘制浅蓝色面料的暗部。用蓝色水彩稀释后绘制服装的暗部，注意笔触与褶皱走向一致。用黄色填充鞋子的底色。

步骤七：加深服装暗部。调制比步骤五、步骤六深一度的颜色，绘制服装的暗部。

步骤八：进一步刻画服装细节。绘制服装中的拉链、抽绳、褶皱等细节，同时表现出服装的面料质感。

步骤九：调整细节。绘制背景，调整并完成画面。

（二）运动裤设计范例二

运动裤设计范例二的具体绘制步骤如图7-56所示。

步骤一：绘制线稿。用铅笔绘制五官、四肢以及服装的具体形态。

步骤二：填充头发和头部肤色。用水彩调出肤色后绘制面部和颈部，将紫色稀释后绘制头发，注意不要全部填充均匀。

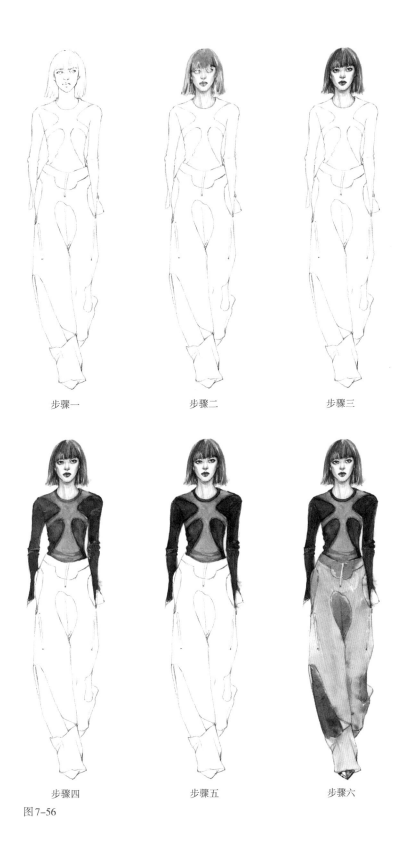

步骤一   步骤二   步骤三

步骤四   步骤五   步骤六

图 7-56

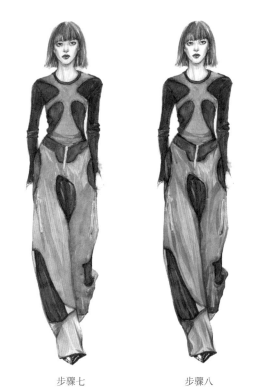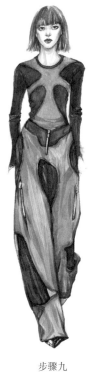

步骤七　　　　　　　　　步骤八　　　　　　　　步骤九　　　　　　　　步骤十

图7-56　运动裤设计范例二的具体绘制步骤

步骤三：绘制头部。重点对五官进行深入刻画，用深紫色水彩绘制眼线和眼珠，用红色水彩勾勒出嘴唇，用深紫色水彩加深头发的暗部。

步骤四：绘制上衣。将紫色与黑色水彩调和后绘制上衣的深色部分，加水稀释后绘制上衣的浅色部分，注意手肘和腰部有褶皱，须绘制出褶皱产生的明暗变化。

步骤五：加深上衣暗部。在步骤四的基础上，再次加入黑色使其变深后，绘制上衣的暗部。

步骤六：绘制运动裤。将蓝色水彩稀释后绘制运动裤蓝色部分，将棕色水彩稀释后绘制运动裤深色部分，同时填充皮鞋颜色。

步骤七：加深运动裤暗部。调制比步骤六深的颜色，绘制运动裤的暗部，同时用黑色绘制鞋子的暗部。

步骤八：刻画运动裤的褶皱。刻画运动裤因人体走动后产生的褶皱，以此来凸显运动裤的形态。

步骤九：绘制服装配件。绘制裤子上的拉链。

步骤十：调整细节。绘制背景，调整并完成画面。

（三）运动裤设计与手绘表现赏析（图7-57~图7-60）

图7-57　运动裤设计1　　　　图7-58　运动裤设计2　　　　图7-59　运动裤设计3　　　　图7-60　运动裤设计4

二、休闲裤

休闲裤适合多种不同场合穿着，无论是上班还是娱乐游玩都是不错的选择，如图7-61所示，休闲裤有面料舒适、简约百搭、款式宽松、穿着无束缚等特点，因此休闲裤一直深受现代年轻人和潮人的追捧。休闲裤的细节、图案是设计的重点，在手绘时需要突出面料的特性和款式特征。

在了解休闲裤的款式和特点后，就可进行休闲裤的服装设计与手绘表现，具体可参考以下范例和效果图。

图7-61　休闲裤

（一）休闲裤设计范例一

休闲裤设计范例一的具体绘制步骤如图7-62所示。

步骤一：绘制线稿。用可擦掉的铅笔绘制出人体、服装、配饰的线稿。

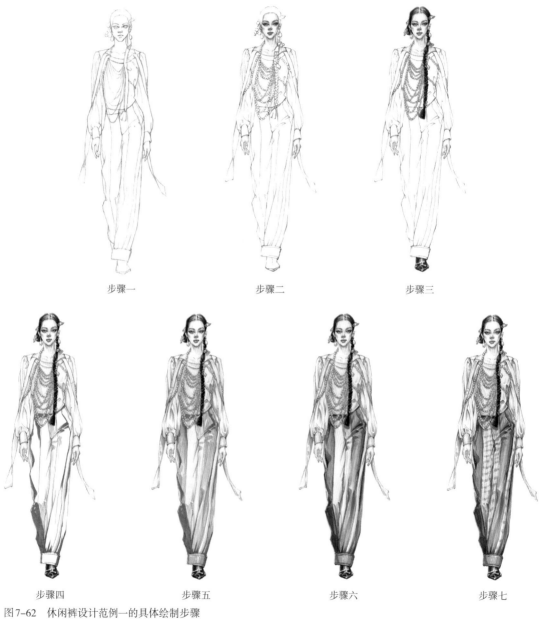

步骤一　　　　　　　　步骤二　　　　　　　　步骤三

步骤四　　　　　步骤五　　　　　步骤六　　　　　步骤七

图7-62　休闲裤设计范例一的具体绘制步骤

步骤二：刻画五官。用针管笔再次勾勒线稿后，用肤色马克笔（浅色）绘制面部、颈部和手部的肤色，用深一色号的马克笔绘制肤色的暗部，注意不要全部填充均匀，用红色马克笔填充唇部颜色，进一步刻画五官的细节，如眼睛、眉毛、鼻子等。

步骤三：绘制头发。用浅灰色马克笔填充头发，用深灰色马克笔绘制头发的暗部，注意理清头发的走向，用灰色马克笔填充项链配饰，同步绘制好鞋子，注意鞋子的高光留白。

步骤四：绘制服装底色。用浅蓝色马克笔绘制上衣的暗部，用宝蓝色马克笔绘制裤子拼接的蓝色区域暗部，用灰色马克笔绘制裤子拼接的白色区域暗部。

步骤五：加深服装暗部。用蓝灰色马克笔加深上衣的暗部，上衣褶皱较多，绘制时要有取舍。用蓝色马克笔填充裤子拼接的蓝色区域。

步骤六：进一步加深裤子暗部。用深蓝色马克笔对裤子的褶皱、转折处做进一步地加深处理，用深灰色马克笔加深裤子白色区域的暗部。

步骤七：绘制裤子格纹。用灰色马克笔根据裤子的走向绘制格纹，增强裤子的立体感，接着用高光笔点缀画面高光，调整并完成画面。

（二）休闲裤设计范例二

休闲裤设计范例二的具体绘制步骤如图7-63所示。

步骤一　　　　　　　　　　步骤二　　　　　　　　　　步骤三

图7-63

步骤四　　　　　　　　　　步骤五　　　　　　　　　　步骤六

步骤七　　　　　　　　　　步骤八　　　　　　　　　　步骤九

图7-63　休闲裤设计范例二的具体绘制步骤

步骤一：绘制线稿。用铅笔绘制五官、四肢以及服装的具体形态，服装上的分割线可以大致勾勒出来。

步骤二：填充肤色。用水彩调出肤色绘制面部和手部，调制深一色号绘制肤色的暗部，注意不要全部填充均匀。

步骤三：绘制五官和头发。重点对五官进行深入刻画，用浅灰色马克笔给头发铺底色，用深灰色马克笔绘制头发暗部，注意保持五官的精致。

步骤四：绘制内搭服装。内搭服装露出来的部分主要在手臂，因此只需要重刻画袖子部分，用黄色马克笔给服装铺底色，再在底色基础上绘制服装图案。

步骤五：绘制服装和鞋子底色。用蓝色马克笔绘制服装底色，注意笔触方向与服装面料走向一致，用浅黄色马克笔绘制鞋子底色。

步骤六：勾勒服装暗部。用蓝色马克笔勾勒出服装的暗部，方便接下来进一步刻画。

步骤七：加深服装暗部色。进一步加深服装的暗部，特别是褶皱处和面料的转折处。

步骤八：进一步刻画服装细节。刻画服装中的拉链、褶皱等细节，同时表现出服装的面料质感。

步骤九：调整细节。绘制背景，调整并完成画面。

（三）休闲裤设计与手绘表现赏析（图7-64~图7-68）

图7-64　休闲裤设计1　　　　图7-65　休闲裤设计2　　　图7-66　休闲裤设计3

图7-67 休闲裤设计4   图7-68 休闲裤设计5

三、破洞裤

破洞裤是当下年轻人、潮人比较喜欢和追捧的服装款式。破洞裤最初的破洞设计并不是为了时尚，而是借此表达对主流时尚的抵制。破洞裤经历了几个不同的阶段，受到流行文化和商业化推广的影响。在20世纪中期，破洞裤的出现吸引了众多年轻人的追捧，它也逐渐成为了潮人的标志（图7-69）。在绘制破洞裤时，需要画出破洞的毛缝须边和透露出的皮肤。

在了解破洞裤的款式和特点后，就可进行破洞裤的服装设计与手绘表现，具体可参考以下范例和效果图。

图7-69 破洞裤

（一）破洞裤设计范例

破洞裤设计范例的具体绘制步骤如图7-70所示。

步骤一：绘制线稿。用铅笔绘制头发、五官、四肢以及服装的具体形态，裤子上破洞的位置可先用铅笔大致勾勒出来。

步骤二：绘制头部。用水彩调出肤色后绘制在模特的面部和颈部，眼镜框架暂时留白，用柠檬黄水彩稀释后绘制头发底色，棕色水彩稀释后绘制头发的暗部。

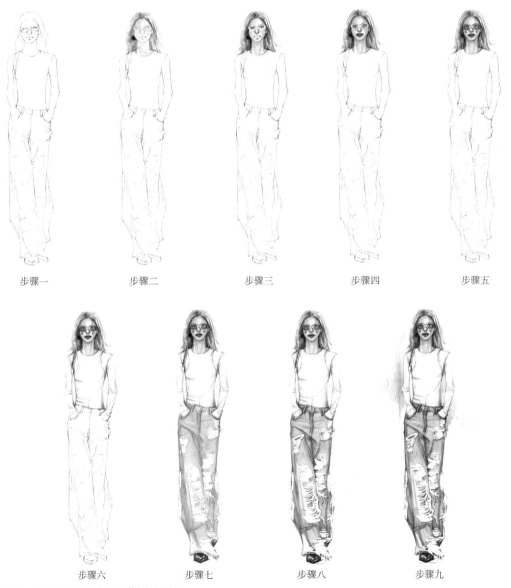

步骤一　　　　　步骤二　　　　　步骤三　　　　　步骤四　　　　　步骤五

步骤六　　　　　步骤七　　　　　步骤八　　　　　步骤九

图7-70　破洞裤设计范例的具体绘制步骤

步骤三：绘制头部暗部。用深褐色马克笔勾勒出眼睛、鼻子和嘴巴的暗部，褐色加红色水彩调和后绘制头发的暗部，注意表现出头发的蓬松感，用粉色马克笔绘制面部和颈部的暗部。

步骤四：加深面部肤色。在步骤三的基础上，将水彩调至偏红的肤色再次绘制暗部，用大红色颜料绘制嘴巴，使整个面部更精神。

步骤五：绘制眼镜和脸颊装饰。将黑色水彩稀释后绘制眼镜框架，同时绘制脸颊两侧的装饰物。

步骤六：填充上衣底色。将紫色水彩稀释后在服装的上衣铺底色，再次加入紫色水彩，颜色变深后绘制服装的暗部和衣服的褶皱。

步骤七：绘制破洞裤底色。将蓝色水彩稀释后绘制破洞裤的底色，注意破洞的地方须留白。将红色水彩和紫色水彩调和后绘制鞋子的底色。

步骤八：加深破洞裤暗部。用比步骤七深的蓝色水彩绘制破洞裤的暗部，增强明暗关系，破洞的地方仍然留白。接着绘制鞋子的暗部。

步骤九：调整细节。用黑色水彩点缀部分暗部，绘制背景，调整并完成画面。

（二）破洞裤设计与手绘表现赏析（图7-71~图7-74）

图7-71　破洞裤设计1　　　　　　　图7-72　破洞裤设计2

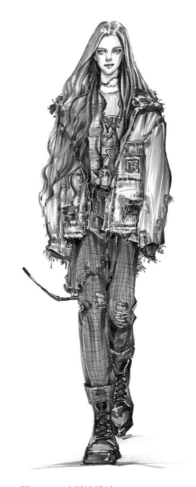

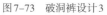

图7-73　破洞裤设计3　　　　图7-74　破洞裤设计4

四、牛仔裤

　　牛仔裤总给人一种结实、粗犷且精神抖擞的感觉，它适合工作或休闲场合，是衣柜中必不可少的单品，被列为"百搭服装之首"，可谓是一年四季"永不凋零的明星"。如图7-75所示，牛仔裤经不同的工艺处理后会出现不同的类型，有水洗牛仔裤、毛边牛仔裤、破洞牛仔裤、补丁牛仔裤等，因此在绘制时，需要重点把握牛仔裤的样式特点和独有的颜色特征，同时也可采用第六章中牛仔面料的绘制方式。

　　在了解牛仔裤的款式和特点后，就可进行牛仔裤的服装设计与手绘表现，具体可参考以下范例和效果图。

图7-75　牛仔裤

（一）牛仔裤设计范例一

牛仔裤设计范例一的具体绘制步骤如图7-76所示。

步骤一：绘制线稿。用紫色针管笔绘制头部和针织上衣，用棕色针管笔绘制牛仔裤。

步骤二：刻画五官。用肤色马克笔（浅色）绘制面部、颈部和手部，用深一色号的马克笔绘制肤色的暗部，注意不要全部填充均匀，接着进一步刻画五官的细节，如眼睛、眉毛、鼻子等。用黄色马克笔填充头发底色，用褐色马克笔绘制头发暗部，用黑色马克笔点缀头发暗部。

步骤三：填充牛仔裤底色。用浅灰绿马克笔填充牛仔裤底色，同时绘制针织上衣的暗部，用浅黄色马克笔填充鞋子底色。

步骤四：加深牛仔裤暗部。用蓝绿色马克笔绘制牛仔裤的暗部，用深绿色马克笔再次加深裆部和转折处暗部，用土黄色马克笔绘制鞋子暗部。

步骤五：绘制针织上衣。用浅灰绿马克笔再次绘制针织上衣的暗部，同时绘制右肩的项链装饰。

步骤六：点缀高光。用针管笔再次加深服装的结构，加强裤子的立体感，接着用高光笔点缀画面高光，调整并完成画面。

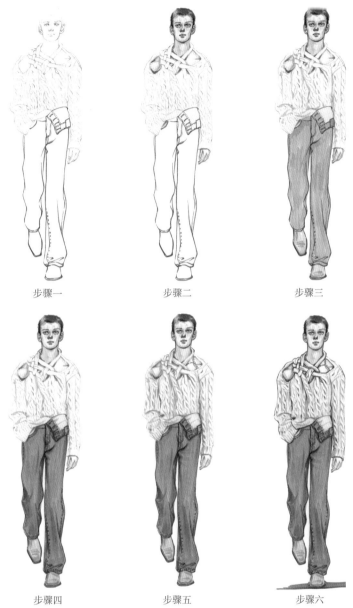

步骤一　　　　　　　　步骤二　　　　　　　　步骤三

步骤四　　　　　　　　步骤五　　　　　　　　步骤六

图7-76　牛仔裤设计范例一的具体绘制步骤

（二）牛仔裤设计范例二

牛仔裤设计范例二的具体绘制步骤如图7-77所示。

步骤一：绘制线稿。用铅笔绘制五官、四肢以及服装的具体形态。

步骤二：填充肤色。用肤色马克笔（浅色）绘制面部、颈部和躯干，用深一色号的马克笔绘制肤色的暗部，注意不要全部填充均匀。用黄色马克笔填充头发底色，用褐色马克笔绘制头发暗部。

步骤三：绘制五官和头发。重点对五官进行深入刻画，同时完善头发的绘制，注意表现头发的发丝。

步骤四：绘制牛仔服装底色。用浅灰色马克笔绘制服装的底色，笔触方向与服装褶皱一致。

步骤五：绘制服装暗部。用浅蓝色马克笔勾勒服装的暗部。

步骤六：绘制服装细节。用灰绿色马克笔点缀服装的细节，突出牛仔面料的质感。

步骤七：调整细节。绘制背景，调整并完成画面。

步骤一　　　　　　　步骤二　　　　　　　步骤三

步骤四　　　　　　步骤五　　　　　　步骤六　　　　　　步骤七

图7-77　牛仔裤设计范例二的具体绘制步骤

（三）牛仔裤设计与手绘表现赏析（图7-78~图7-80）

图7-78　牛仔裤设计1　　　　　　　　图7-79　牛仔裤设计2　　　　图7-80　牛仔裤设计3

第四节　内衣设计表现

　　内衣是指贴身穿着衣物，主要包括抹胸、文胸、内裤和吊带背心，是现代女性必不可少的服装，内衣也被称为"女性的第二皮肤"。随着女性对内衣的重视，用来制作内衣的面料也在不断更新，人们开始追求技术型的产品带来的健康和美感，而不再是单纯追求纯棉材质，随着流行主调的不断变更，涌现了具有各种造型和功能的内衣。

　　内衣常见的面料有棉、天然橡胶、蕾丝、真丝、刺绣花边、弹力网眼等，按照外观造型可分为性感风格内衣、运动风格内衣、休闲风格内衣和俏皮风格内衣。内衣中的文胸按照功能可分为聚拢型文胸、舒适型文胸、无钢托型文胸、美背型文胸等，按照罩杯可分为三角杯文胸、3/4罩杯文胸、4/4全罩杯文胸和背心式文胸等。

一、性感风格内衣

性感风格内衣在视觉上给人一种若隐若现又朦朦胧胧的感觉，其面料主要以蕾丝、透明网眼为主，性感风格内衣的款式由紧身胸衣转变而来，因此有部分款式还会保留钢托的设计（图7-81）。在绘制性感风格内衣时，要先绘制底层皮肤的颜色，再绘出内衣的颜色，最后绘制表层蕾丝面料的花纹，其画法可参考第六章中蕾丝面料的绘制。

图7-81　性感风格内衣

在了解性感风格内衣的款式和特点后，就可进行性感风格内衣的服装设计与手绘表现，具体可参考以下范例和效果图。

（一）性感风格内衣设计范例一

性感风格内衣设计范例一的具体绘制步骤如图7-82所示。

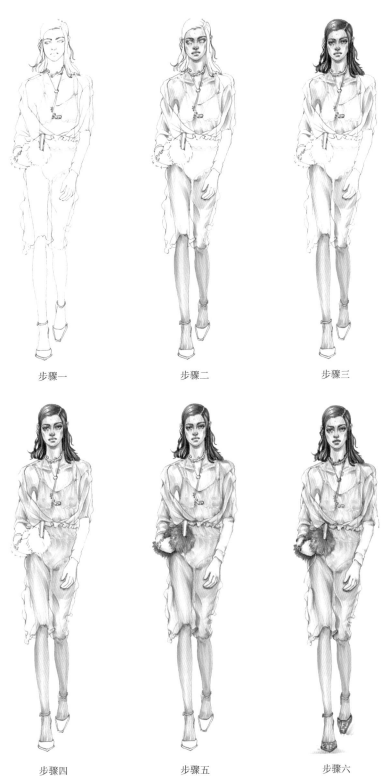

步骤一　　　　　　　　步骤二　　　　　　　　步骤三

步骤四　　　　　　　　步骤五　　　　　　　　步骤六

图7-82　性感风格内衣设计范例一的具体绘制步骤

步骤一：绘制线稿。用黑色针管笔绘制头发、服装和鞋子的线稿，用褐色针管笔绘制五官和配饰的线稿，用绿色针管笔绘制内衣的线稿。

步骤二：填充肤色。用肤色马克笔（浅色）绘制面部、颈部、躯干和四肢，同时加深肤色，注意不要全部填充均匀。用深一个色号的马克笔加深肤色，加强明暗对比，从而更立体。

步骤三：绘制头发和五官。用浅灰色马克笔绘制头发底色，用灰色马克笔绘制头发暗部，注意笔触要顺着头发丝缕的朝向。深入刻画五官的细节。

步骤四：绘制内衣底色和薄纱外套。用浅绿色马克笔绘制内衣底色，用浅灰色马克笔绘制薄纱面料，笔触与薄纱褶皱方向一致。

步骤五：绘制白手套和手包。手套为白色，只需要绘制出手套的暗部即可，用浅紫色马克笔根据手套的褶皱绘制出暗部，同时加深薄纱面料的暗部。用粉色马克笔填充手包底色，用大红色马克笔点缀出手包的毛草质感。

步骤六：绘制鞋子。用浅灰色马克笔填充鞋子底色后，再绘制出鞋子的图案。用高光笔点缀画面高光，调整并完成画面。

（二）性感风格内衣设计范例二

性感风格内衣设计范例二的具体绘制步骤如图7-83所示。

步骤一：绘制线稿。用铅笔绘制头发、五官、四肢以及服装的具体形态，勾勒出内衣的位置。

步骤二：填充肤色。用水彩颜料调出肤色后绘制在模特的皮肤上，如：头部、手臂、躯干，加入粉色、黄色水彩后再次绘制肌肤的暗部。

步骤三：绘制头部及肌肤的暗部。用深褐色水彩勾勒出眼睛、鼻子和嘴巴的暗部，肤色加褐色水彩后，在步骤二的基础上进一步加深肌肤的暗部。绘制薄纱面料。在肤色的基础上，加深后绘制出薄纱的褶皱。

步骤四：绘制头发，刻画五官。将褐色水彩稀释后绘制头发的底色，褐色加红色水彩调和后绘制头发的暗部，同时进一步刻画五官的细节，凸显五官的精致和立体，用粉色水彩填充服装颜色。

步骤五：绘制服装暗部。加深服装的颜色以及暗部，重点绘制面料转折处以及褶皱堆积的暗部，用棕色水彩完善鞋子。

步骤六：进一步加深褶皱。用褐色水彩加深服装的褶皱，用黑色针管笔勾勒部分褶皱，加强明暗对比。

步骤七：调整细节。绘制背景，调整并完成画面。

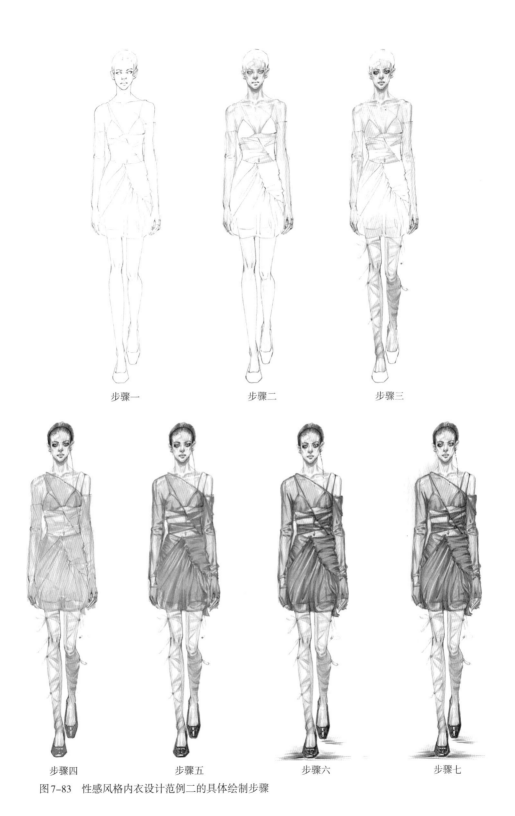

步骤一　　　　　　　　步骤二　　　　　　　　步骤三

步骤四　　　　　　步骤五　　　　　　步骤六　　　　　　步骤七

图7-83　性感风格内衣设计范例二的具体绘制步骤

（三）性感风格内衣设计与手绘表现赏析（图7-84、图7-85）

图7-84 性感风格内衣设计1　　　　图7-85 性感风格内衣设计2

二、运动风格内衣

运动风格内衣是在健身房或室外运动时所穿着的内衣，它与其他款式的内衣有着明显的区别，运动风格内衣基本都是全罩杯的无钢托设计，包容性和稳定性较好。如图7-86所示，为了穿着者在运动时更好地保护胸部，其功能性强，有较好的防震性，多采用一些高弹力、全棉质、易排汗、速干、有一定保暖性能的面料。运动风格内衣款式较多，在设计和绘制时可大胆的自由发挥。

图7-86 运动风格内衣

在了解运动风格内衣的款式和特点后，就可进行运动风格内衣的服装设计与手绘表现，具体可参考以下范例和效果图。

（一）运动风格内衣设计范例一

运动风格内衣设计范例一的具体绘制步骤如图7-87所示。

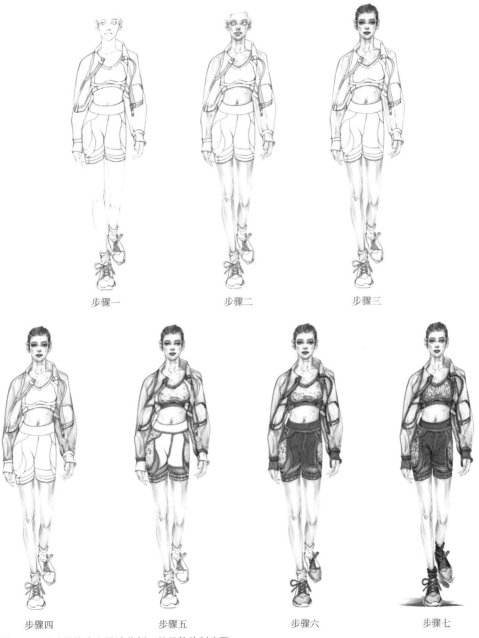

图7-87 运动风格内衣设计范例一的具体绘制步骤

步骤一：绘制线稿。用褐色针管笔绘制服装和鞋子的线稿，用浅棕色针管笔绘制五官和四肢的线稿。

步骤二：填充肤色。用肤色马克笔（浅色）绘制面部、颈部、躯干和四肢，同时加深肤色，注意不要全部填充均匀。用深肤色马克笔加深肌肤的肤色，加强明暗对比，凸显皮肤的立体感。

步骤三：绘制头发和五官。用棕色马克笔绘制头发底色，用深褐色马克笔绘制头发暗部，注意笔触要顺着头发丝缕的朝向，接着深入刻画五官的细节，凸显五官的精致。

步骤四：绘制外套。用浅蓝色和浅绿色马克笔绘制服装外套，笔触与服装褶皱方向一致，用灰色马克笔点缀服装褶皱的暗部。

步骤五：绘制服装。用浅橘色马克笔绘制服装的橘色部分，用深橘色马克笔绘制暗部，用红色马克笔进行部分点缀，增加暗部的颜色变化。用浅蓝色、浅紫色马克笔以"点"的方式绘制出内衣上的图案，用橘色针管笔绘制裤子上的网格图案。

步骤六：绘制拉链及服装其他部位。用深灰色马克笔绘制服装拉链，用蓝色马克笔填充服装空白区域，用绿色马克笔绘制袖口，接着用深绿色马克笔绘制出袖口罗纹肌理，用蓝色马克笔绘制鞋面和鞋带。

步骤七：绘制鞋子。用深蓝色马克笔绘制鞋子和袜子，同时绘制裤子的褶皱。用橘色马克笔再次丰富内衣上的图案，调整并完成画面。

（二）运动风格内衣设计范例二

运动风格内衣设计范例二的具体绘制步骤如图7-88所示。

步骤一：绘制线稿。用铅笔绘制头发、五官、四肢以及服装的具体形态，勾勒出内衣的位置。

步骤二：填充肤色。用肤色马克笔（浅色）绘制面部、颈部、躯干和四肢，同时加深肤色，注意不要全部填充均匀。

步骤三：绘制头部及肌肤的暗部。用比步骤二深两个色号的肤色马克笔加深肌肤的肤色，加强明暗对比，凸显皮肤的立体，用浅灰色马克笔绘制头发底色，注意笔触要顺着头发丝缕的朝向，接着绘制五官的暗部，凸显五官的立体感。

步骤四：完善头部，填充服装底色。深入刻画五官的细节，凸显五官的精致，用淡蓝色水彩绘制服装的底色和鞋子，在此基础上，加入深蓝色马克笔绘制内衣和服装的暗部，用粉色马克笔绘制装饰条。

步骤五：绘制服装暗部。加深服装的颜色以及暗部，重点绘制面料转折处以及褶皱堆积的暗部。

步骤六：绘制装饰条。用粉色马克笔加深装饰条的同时，绘制腰部装饰的文字，增加服装细节。

　　步骤七：调整细节。绘制背景，调整并完成画面。

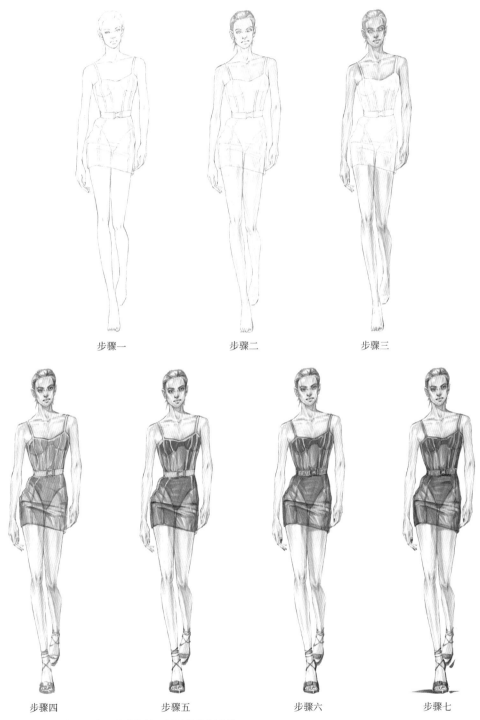

步骤一　　　　　　　　　　步骤二　　　　　　　　　　步骤三

步骤四　　　　　　　步骤五　　　　　　　步骤六　　　　　　　步骤七

图7-88　运动风格内衣设计范例二的具体绘制步骤

（三）运动风格内衣设计与手绘表现赏析（图7-89、图7-90）

图7-89　运动风格内衣设计1　　　　图7-90　运动风格内衣设计2

三、休闲风格内衣

　　休闲风格内衣是现代人为了追求舒适、自然的生活环境和工作氛围而设计的款式，如图7-91所示，它主要是以舒适、方便为主，穿着无束缚，采用无钢托设计。追求自由、无拘束在现代越来越流行，女性不再刻意追求以外力塑形的聚拢胸型，而是追求无束缚的自然胸型。在绘制休闲风格内衣时，无须刻意营造聚拢的效果。

图7-91　休闲风格内衣

在了解休闲风格内衣的款式和特点后，就可进行运动休闲的服装设计与手绘表现，具体可参考以下范例和效果图。

（一）休闲风格内衣设计范例一

休闲风格内衣设计范例一的具体绘制步骤如图7-92所示。

步骤一：绘制线稿。用浅棕色针管笔绘制头发、五官和四肢，用黑色针管笔绘制服装和鞋子的具体形态。

步骤二：填充肤色。用浅肤色马克笔绘制肌肤的肤色，同时用深一个色号的马克笔绘制肤色的暗部，注意不要全部填充均匀。

步骤三：绘制格纹图案。用粉色和黄色马克笔交替绘制出格纹图案，若无法掌控留白效果，可先用铅笔或棕色彩铅勾勒出格纹图案，再用马克笔进行绘制。用橘色马克笔绘制鞋子。

步骤四：加深格纹图案。用玫红色马克笔加深格纹图案的色彩变化，同时刻画五官的细节。

步骤五：绘制头发，刻画五官。用浅黄色马克笔填充头发，用橘色马克笔绘制头发的暗部，暗部的笔触须跟随头发和发型的形态，然后进一步刻画五官。

步骤一　　　　　　　步骤二　　　　　　　步骤三

图7-92

步骤四   步骤五   步骤六

图7-92　休闲风格内衣设计范例一的具体绘制步

步骤六：加深服装暗部。用深红色马克笔进一步加深服装的暗部，加强明暗对比，增强服装暗部的层次感。调整细节。用高光笔点缀画面高光，调整并完成画面。

（二）休闲风格内衣设计范例二

休闲风格内衣设计范例二的具体绘制步骤如图7-93所示。

步骤一：绘制线稿。用浅棕色针管笔绘制头发、五官、四肢、服装和鞋子的具体形态。

步骤二：填充肤色。用浅肤色马克笔绘制肌肤的颜色，同时用深一个色号的马克笔绘制肤色的暗部，注意不要全部填充均匀。

步骤三：绘制头发和五官。用浅灰色马克笔绘制头发底色，用褐色马克笔绘制头发暗部，注意笔触要顺着头发丝缕的朝向，接着绘制五官的暗部，凸显五官的立体感。

步骤四：填充服装底色。用浅蓝色马克笔填充内衣和裙子的颜色。

步骤五：加深服装暗部。根据服装的褶皱和形态绘制服装的暗部，注意表现出内衣的柔软和裙子的肌理。

步骤六：调整细节。绘制服装上的细节，完善鞋子，用高光笔点缀画面高光，调整并完成画面。

步骤一 步骤二 步骤三

步骤四 步骤五 步骤六

图7-93 休闲风格内衣设计范例二的具体绘制步骤

（三）休闲内衣设计与手绘表现赏析（图7-94）

图7-94　休闲风格内衣设计

四、俏皮风格内衣

俏皮风格内衣的设计多体现在内衣的印花图案上，设计师会将每年或每季度的流行元素进行整合和再设计，并将其应用到内衣上。在款式上，俏皮内衣会加入一些蝴蝶结、花边等元素进行点缀，以此来增加设计感（图7-95）。在绘制俏皮风格内衣时，可重点把握图案的设计与内衣的结合。

图7-95 俏皮风格内衣

在了解俏皮风格内衣的款式和特点后，就可进行俏皮风格内衣的服装设计与手绘表现，具体可参考以下范例和效果图。

（一）俏皮风格内衣设计范例

俏皮风格内衣设计范例的具体绘制步骤如图7-96所示。

步骤一：绘制线稿。用铅笔绘制五官、四肢以及服装的具体形态。

步骤二：填充肌肤肤色。用水彩调出肤色后绘制肌肤的颜色，加入少量红色后绘制肌肤暗部，注意不要全部填充均匀。

步骤三：加深肤色。加深肌肤的暗部，用深紫色绘制眼线和眼珠，用红色勾勒出嘴唇，用深紫色加深头发的暗部。绘制头发和五官。将黑色水彩稀释后绘制头发的底色，加入褐色变深后勾勒头发的暗部。

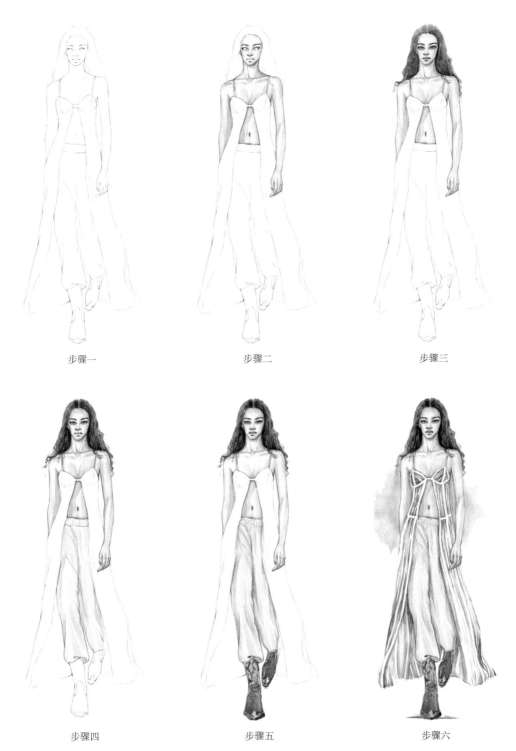

步骤一　　　　　　　　　　步骤二　　　　　　　　　　步骤三

步骤四　　　　　　　　　　步骤五　　　　　　　　　　步骤六

图7-96　俏皮风格内衣设计范例的具体绘制步骤

步骤四：绘制运动裤。将柠檬黄水彩稀释后绘制运动裤，加入土黄色水彩后绘制运动裤的褶皱暗部。

步骤五：绘制鞋子。将红色水彩稀释后填充鞋面，用灰色笔绘制鞋帮，接着进一步加深运动裤的暗部。完善鞋子的绘制，用大红色笔绘制鞋子的暗部，用灰色笔绘制鞋子的图案。

步骤六：绘制内衣和服装。将紫色水彩加入少量蓝色稀释后，绘制内衣的条纹，注意条纹须顺着服装的走向变化，同时深浅也随服装的明暗发生变化。

（二）俏皮风格内衣设计与手绘表现赏析（图7-97、图7-98）

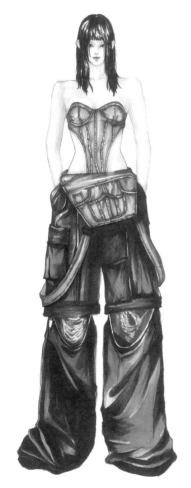
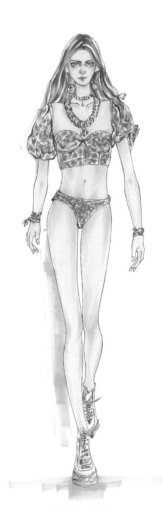

图7-97　俏皮内衣设计1　　　　图7-98　俏皮内衣设计2

本章小结

- 在进行裙装设计及手绘表现时，要根据裙装的种类、裙子的特点、面料的特性进行合适的手法表达，同时突出款式的特色和亮点。

- 外套指的是人们穿在最外层的服装，其体积一般较大，穿着时可覆盖上身的其他衣服。外套按长度可分为短外套、中长外套、长外套；按季节可分为春夏外套和秋冬外套，季节不同，外套所用的面料也不同，春夏以透气轻薄为主，秋冬以保暖厚重为主。

- 与裙装不同的是，由于裤子包裹着腿部，即使是非常宽松的裤子，也会受到腿部活动的影响而发生形态的变化，所以在设计时也需要仔细考虑裆部和胯部的形态。

- 男装裤子和女装裤子在结构上也有区分，女性的腰节比男性腰节高，这就决定了女裤的裤长和立裆都长于男裤。

- 内衣常见的面料有棉、天然橡胶、蕾丝、真丝、刺绣花边、弹力网眼等，按照外观造型可分为性感风格内衣、运动风格内衣、休闲风格内衣和俏皮风格内衣。

- 内衣中的文胸按照功能可分为聚拢型文胸、舒适型文胸、无钢托型文胸、美背型文胸等，按照杯罩可分为三角杯、3/4罩杯文胸、4/4全罩杯文胸和背心式文胸等。

思考题

1. 在进行裙装设计表现时需要注意什么？
2. 外套的分类有哪些？
3. 裤装的设计和绘制要点有哪些？
4. 内衣的分类有哪些？

第八章
服装配饰的表现技法

课题名称：服装配饰的表现技法。

课题内容：阐述了配饰与服装之间的关系，从帽子、首饰、箱包和鞋子入手，通过材质表现、空间立体表达两方面分步骤讲解服装配饰的表现技法。

课题时间：8课时。

教学目的：灵活掌握不同配饰的绘制，根据服装选择合适的配饰进行搭配。

教学方式：示范教学、实践操作。

教学要求：理论与实践结合，要求学生在课堂上进行即时的设计绘制训练。

课前（后）准备：课前准备铅笔、橡皮和纸张；课后有针对性地进行大量的设计练习。

服装配饰与服装之间有着密不可分的关系，配饰既可以增添服装的层次和细节亮点，还可以装饰人体其他的部位，两者之间的组合共同构成了完整的人体服饰搭配系统。

配饰与服装之间也有不同，配饰中大多数的品类都有着硬朗的固态形式，如帽子、戒指、项链、鞋子等，它们都不易折叠或平置，而大多数服装都较为柔软且可以随着人体的动态变化而产生不规则的形态，配饰中也有使用较为柔软的材料制成的饰品，如包包、袜子、丝巾等。面对固态配饰时，有必要通过工业设计中结构素描的形式来表现配饰的立体感和空间感，除此之外，配饰的材料范围较广，如金属、树脂胶、塑料、羽毛等生活中的材料都可作为配饰的原料，因此了解材料的准确表达以及质感的属性表现是配饰绘制中的一个重要环节。

配饰和服装是同等重要的服饰设计内容，虽各自有着不同的工艺和制作体系，但作为一名服装设计师、时尚设计师，熟悉配饰的合理选择、搭配和设计是十分有益的。在本章中将从最常见的配饰品类（帽子、首饰、箱包、鞋子）入手，通过材质表现、空间立体表达两方面分步骤讲解服装配饰的表现技法。

第一节　时尚帽子

帽子是一种戴在头部的饰品，如图8-1所示。帽子的种类很多，根据款式和功能的不同有遮阳帽、网球帽、棒球帽、贝雷帽、牛仔帽、鸭舌帽等，因此在选择和搭配上也很有讲究。帽子可以起到一定的装饰作用，也可以起到一定的保护头部的作用。戴帽子和穿衣服一样，要尽量扬长避短，根据脸型、发型、服装风格来选择相匹配的帽子。帽子在不同时期和地域有着不同的文化礼仪，在礼仪文化中尤其重要，佩戴帽子是社会身份地位的象征，在一些宗教服饰中，帽子是必不可少的。

一、帽子的表现

在绘制和设计帽子时，需要先了解帽子的文化、款式和结构特点，根据穿着者的需要以及整体的服饰搭配进行设计和绘制。同时为了更好地绘制

图8-1　不同款式的时尚帽子

出帽子的款式，需要我们从多角度去了解头部和帽子的透视及结构，根据帽子的结构来刻画细节。具体绘制步骤和表现技法可参考以下范例进行学习和临摹。

（一）帽子设计范例一

帽子的绘制步骤如图8-2所示。

步骤一：确定头部的透视方向以及头部和帽子之间的关系。

步骤二：绘制帽子的结构特点，描绘五官的大致轮廓。

步骤三：刻画五官，绘制帽子细节。

步骤四：根据光影来表现头部和帽子的立体感。

步骤一　　　　　　　　　步骤二　　　　　　　　　步骤三　　　　　　　　　步骤四

图8-2　帽子设计范例一

（二）帽子设计范例二

帽子的绘制步骤如图8-3所示。

步骤一　　　　　　　　　步骤二　　　　　　　　　步骤三　　　　　　　　　步骤四

图8-3　帽子设计范例二

步骤一：确定头部的透视方向以及头部和帽子之间的关系。

步骤二：绘制帽子的结构特点，描绘五官的大致轮廓。

步骤三：刻画五官，绘制帽子细节。

步骤四：根据光影来表现头部和帽子的立体感。

二、不同款式帽子设计

帽子的设计指的是对帽子的造型、色彩以及对材料的设计，可以从帽身造型、帽檐、装饰等方面进行综合设计，同时也要考虑流行风格、时尚和社会风情等方面的因素。

不同款式帽子设计及表现如图8-4~图8-6所示。

图8-4　不同款式帽子设计1

图8-5　不同款式帽子设计2

图8-6　不同款式帽子设计3

第二节　时尚首饰

首饰原指戴在头上的装饰品，现在泛指以贵重金属、宝石等加工而成的耳环、项链、戒指、手镯、雀钗等。首饰一般用来装饰形体，同时也具有表现社会地位、显示财富的作用。受到流行文化、嘻哈音乐文化的影响，越来越多的年轻人热衷于首饰的穿戴与搭配，耳钉、项链、戒指越戴越多且越戴越夸张，这也促进了首饰的发展和创新（图8-7）。

图8-7　时尚首饰（HYK心动存档）

一、首饰的表现

在绘制首饰时，需要注意首饰在佩戴后发生的形态、透视、结构的变化，同时绘制中线条需流畅，针对项链、耳钉这种带垂感的首饰，需要注意在佩戴后向下的垂感表达。具体绘制步骤和表现技法可参考以下范例进行学习和临摹。

（一）首饰设计范例一

项链与耳环套装的绘制步骤如图8-8所示。

步骤一：标注项链的位置。

步骤二：画出项链的延伸方向与位置。

步骤三：标注耳环的位置与方向。

步骤四：根据首饰结构刻画细节。

图8-8 首饰设计范例一

（二）首饰设计范例二

项链的绘制步骤如图8-9所示。

步骤一：绘制人体模特线稿。

步骤二：确定项链的位置，受锁骨的影响，项链会出现高低起伏。

步骤三：绘制项链细节及脸部阴影。

图8-9 首饰设计范例二

二、不同款式首饰设计

首饰设计需要考虑首饰自身的形态和色彩要素，同时也要从生理学、心理学以及人体工程学的角度来看待首饰与人体之间的组合搭配，最终的目的是创造出形象典雅、结构巧妙、色彩协调的首饰设计。

不同款式首饰设计及表现如图8-10、图8-11所示。

图8-10　不同款式首饰设计1　　　　　　　　　　　　　　图8-11　不同款式首饰设计2

第三节　时尚箱包

箱包是对袋子的统称，即所有用来装东西的包包都统称为箱包，包括一般的购物袋、钱包、背包、单肩包、书包、挎包和拉杆箱等。最开始，箱包是为了方便人们携带和装东西，随着人们生活和消费水平的不断提高，箱包不仅用来携带随身物品，同时也成为了不可或缺的饰品，箱包产品的实用性不断加强，同时装饰性也越来越多样，如图8-12所示。

箱包从样式上大致可分为双肩包、单肩包、斜挎包、手提包和腰包等；从材料上可分为皮质包、布艺包、绒布包和PVC包等。

一、箱包的表现

不同款式的箱包特征也不同，想要较好地表现箱包的款式特点，需要对材料有一定了解，同时线条和透视上也需要加强练习，绘制时尽量去表现箱包的面料特征和造型上的美感。有的箱包由不同的材质组合而成，这种情况下，不同材料的正确表现就尤为重要。具体绘制步骤和表现技法可参考以下范例进行学习和临摹。

图8-12　时尚箱包

（一）箱包设计范例一

箱包的绘制步骤如图8-13所示。

步骤一

步骤二

步骤三

步骤四

图8-13　箱包设计范例一

步骤一：绘制包的大致轮廓。

步骤二：绘制包的大致纹理。

步骤三：细致勾画包的结构。

步骤四：深入勾画包的各部分并强调包的立体感。

（二）箱包设计范例二

箱包的绘制步骤如图8-14所示。

步骤一：用铅笔绘制出箱包的长、宽、高，确定大致的比例关系。

步骤二：用勾线笔勾勒箱包的轮廓和细节。

步骤三：用马克笔绘制箱包的底色。

步骤四：用深色马克笔绘制箱包的阴影，加强立体感。

图8-14　箱包设计范例二

二、不同款式箱包设计

在箱包设计时，不仅要考虑材料、造型、色彩、工艺，还需要考虑箱包上的装饰配件，每个环节都环环相扣且非常重要。除外观面料外，还需要选择相匹配的辅料（里料、衬料、缝纫线等）。因此在设计之前，需要设计师充分掌握不同材料、工艺和装饰品的运用，从而设计出符合流行趋势、贴合市场且适应人们审美需求的箱包产品。

不同款式箱包设计及表现如图8-15所示。

图8-15　不同款式箱包设计1　　　　　图8-16　不同款式箱包设计2

第四节　时尚鞋子

鞋子指的是穿在脚上用来保护足部，同时方便行走的穿着物。鞋子有着悠久的发展史，早在大约5000年前的仰韶文化时期，就出现过用兽皮缝制的最原始的鞋子，它不仅可以保护人们的脚不受伤害，也在一定程度上提供了保暖作用。

鞋子按照材料可分为布鞋、皮鞋、胶鞋、塑料鞋等；按款式可分为方头、圆头、尖头等；按鞋跟可分为高跟鞋、坡跟鞋、平跟鞋等；按鞋帮可分为高帮鞋、低帮鞋等。鞋子的分类方式有多种，且鞋子的造型也各式各样，如图8-17所示。

图8-17 时尚鞋子

一、鞋子的表现

鞋子的绘制重点在于掌握鞋子的组成结构，难点在于对线条的控制，因此设计师需要对鞋子的结构进行深入分析，理解各种材质的表现方法，分析鞋子的工艺结构，这样才能利于鞋子的绘制和表现。绘制带跟的女鞋既可以使画面更加优雅，又能很好地表现鞋子的特性，绘制时需要把握好构图因素并处理好脚部和鞋子的协调关系。

具体绘制步骤和表现技法可参考以下范例进行学习和临摹。

（一）鞋子设计范例一

高跟鞋的绘制步骤如图8-18所示。

步骤一：画出鞋子的大致轮廓。

步骤二：勾画鞋面和脚的位置。

步骤三：画出鞋面其他细节。

步骤四：进一步深入画出鞋子的拉链等细节，画出鞋子的阴影。

步骤一　　　　　　　　步骤二　　　　　　　　步骤三　　　　　　　　步骤四

图8-18 鞋子设计范例一

（二）鞋子设计范例二

运动鞋的绘制步骤如图8-19所示。

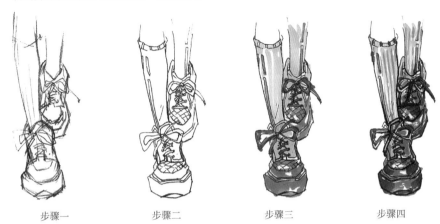

步骤一　　　　　步骤二　　　　　步骤三　　　　　步骤四

图8-19　鞋子设计范例二

步骤一：用铅笔绘制鞋子的形状。

步骤二：用勾线笔勾勒鞋子的形状和细节。

步骤三：用黄色马克笔绘制袜子，用蓝色和紫色马克笔绘制鞋子，注意高光留白。

步骤四：刻画鞋子的细节和暗部，增加细节绘制。

二、不同款式鞋子设计

鞋子设计不仅仅是传统工业产品设计的一种，更是一种时尚文化的传播。在当今流行趋势和时尚文化的背景下，鞋子的设计须同时满足功能和形式的需求，即鞋子的可穿性、功能性和舒适性的统一，这才是一双鞋子的完整设计。同时鞋子的设计也要满足技术和艺术的统一，既要符合人体的需要，也要注重文化价值的传播。

不同款式鞋子设计及表现如图8-20所示。

图8-20　不同款式鞋子设计

本章小结

■ 服装配饰与服装之间有着密不可分的关系，配饰既可以增添服装的层次和细节亮点，还可以装饰人体其他的部位，两者之间的组合共同构成了完整的人体服饰搭配系统。

■ 绘制和设计帽子时，需要先了解帽子的文化、款式和结构特点，根据穿着者的需要以及整体的服饰搭配进行设计和绘制。

■ 绘制首饰时，需要注意首饰在佩戴后发生的形态、透视、结构的变化，同时绘制中线条须流畅，针对项链、耳钉这种带有垂感的首饰，需要注意在佩戴后向下的垂感表达。

■ 不同款式的箱包特征也不同，想要较好地表现箱包的款式特点，在对材料有一定了解的同时，还要在线条和透视上加强练习，绘制时尽量去表现箱包的面料特征和造型上的美感。有的箱包由不同的材质组合而成，此时不同材料的正确表现就尤为重要。

■ 绘制鞋子的重点在于掌握鞋子的组成结构，难点在于对线条的控制，因此设计师需要对鞋子的结构进行深入分析，理解各种材质的表现方法，分析鞋子的工艺结构才能更好地完成鞋子的绘制和表现。

思考题

1. 配饰与服装之间的关系是什么？

2. 配饰设计包含哪些？

3. 帽子、首饰、包包和鞋子的表现技法有哪些？

第九章
服装设计手绘作品赏析

课题名称：服装设计手绘作品赏析。

课题内容：各类服装设计手绘作品的赏析。

课题时间：2课时。

教学目的：赏析不同风格、不同设计的手绘作品，同时增强绘图能力。

教学方式：示范教学、实践操作。

教学要求：理论与实践结合，要求学生在课堂上进行即时的设计绘制训练。

课前（后）准备：课前准备铅笔、橡皮和纸张；课后有针对性地进行大量的设计
　　　　　　　　练习。

服装设计与手绘表现的方法、方式因人而异，设计师或创作者可以根据自己的习惯来进行设计，因此会涌现出千变万化、风格各异的手绘作品。这些作品有的是作者根据自身对服装设计的理解而绘制的；有的是作者运用某种工具或材料进行的设计表现；有的是借用夸张、强调对比的形式美法则进行的艺术创作。在本章中，我们将对多幅优秀服装设计手绘作品进行点评，同时学习和借鉴相应的设计手法，合理消化吸收后运用到自己的创作中。

点评：图9-1中，作者充分利用水彩颜料的特性，在服装中进行了丰富的色彩搭配设计，对不同质感的面料表现

图9-1　服装设计手绘作品1（作者：王佳音）

得非常到位，这充分体现了作者对水彩颜料的控制能力和对面料的刻画能力。

点评：图9-2是一幅水彩手绘作品。作者在画面中进行了大量的渲染效果，使得整体更有艺术感，服装与建筑、复古与时尚的相互碰撞，让画面具有很强的观赏性。

图9-2　服装设计手绘作品2（作者：谷泽辰）

点评：图9-3为马克笔手绘作品。作者将马克笔运用得游刃有余，充分发挥了马克笔独有的特性，系列创作和服装款式各具特色，做到了统一与变化的形式美法则。

图9-3　服装设计手绘作品3（作者：毛婉平）

点评：图9-4为马克笔手绘作品。作者充分发挥了马克笔的笔触作用，对人体动态进行了精准的把握，同时服饰颜色与背景进行了撞色搭配，使画面的视觉效果更具冲击力。

图9-4　服装设计手绘作品4（作者：程清扬）

点评：图9-5为马克笔手绘作品。作者对人物脸部进行了深入刻画，与蓬松的发型形成鲜明的对比，服装图案表现恰当得体，有细致的格纹及花卉图案。

图9-5 服装设计手绘作品5（作者：杨予）

点评：图9-6为马克笔手绘作品。作者绘制出针织面料的柔软、慵懒和舒适的特性，同时不同的针织手法也有不同的纹理效果。

图9-6 服装设计手绘作品6（作者：景阳蓝）

图9-7　服装设计手绘作品7（作者：景阳蓝）

点评：图9-7为马克笔手绘作品。作品整体色调舒适，造型生动，细节刻画较多，服装的空间和立体感得到了加强。

点评：图9-8为水彩手绘作品。作者在服装造型设计上较为夸张、大胆，夸张的造型与特殊的面料质感形成画面的设计亮点，具有强烈的视觉效果。

图9-8　服装设计手绘作品8（作者：辛喆）

　　点评：图9-9为黑白线稿手绘作品。作者跳出常见的人体比例和造型，这也是表现作者自身个性和想法的一种绘图方式，一般多用于时尚插画中。

图9-9　服装设计手绘作品9（作者：杨妍）

　　点评：图9-10为水彩手绘作品。作者在构图上采用一站一坐的不同姿势，从正、侧面描绘了服装的不同形态。不同材质的表达清晰，少数民族的服饰及其风格特征得到了很好的展现。

图9-10　服装设计手绘作品10（作者：孙嘉悦）

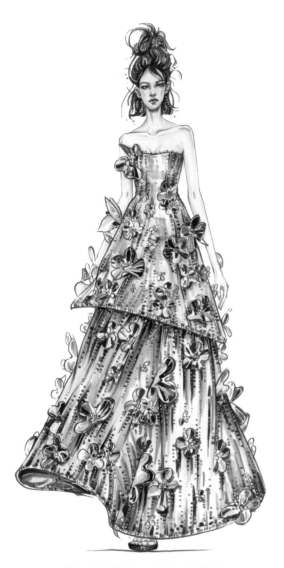

点评：图9-11为马克笔手绘作品，作者对面料图案进行了深入的刻画和绘制，服饰中花卉图案较多，但作者处理手法的巧妙，使图案或大或小，或实或虚，画面因图案而变得有趣且灵动。

图9-11　服装设计手绘作品11（作者：景阳蓝）

点评：图9-12为水彩手绘作品。作者用笔潇洒、大气，线稿部分一气呵成，水彩颜料的渲染给整体画面增添了极高的艺术性和个性美，为观者带来了视觉上的享受。

图9-12　服装设计手绘作品12（作者：李正）

点评：图9-13为马克笔手绘作品。作者运用了设计动漫人物的方式来绘制整体，没有以追求服装面料的质感和写实为目的，反而营造了一种二次元的形象和设计风格。

图9-13　服装设计手绘作品13（作者：吴艳）

点评：图9-14为黑白手绘线稿作品。作者运用不同粗细、疏密的线条表现出服装的款式和立体感，这是一种将速写绘图方式与服装设计相结合的表现手法，在充分表现服装款式的同时，交代服装细节，画面整体更注重款式造型和流行美。

图9-14　服装设计手绘作品14（作者：杨妍）

点评：图9-15为马克笔手绘作品。作者人体比例及动态掌握到位，同时服装上的细节、薄纱面料的质感表现得很好，在较为简单的款式基础上，重点对装饰进行设计和刻画。

点评：图9-16为马克笔手绘作品。作者对配饰、服装图案、服装款式三者之间的形式美法则掌握得非常好，配饰的加持对于服装整体搭配来说是一个亮点，同时腰胯部分的图案也处理得很好，既不过分破坏画面主体，又能给画面带来层次感和设计感。

点评：图9-17为马克笔手绘作品。画面中色彩非常丰富，作者运用蓝、黄撞色来凸显服装的色彩，同时用波点点缀打破单一的撞色，很好地掌握了统一与变化、节奏与韵律的形式美法则。

点评：图9-18为马克笔手绘作品。作者绘制了一款中世纪服装，整体以黄色为主，借用鲜艳的红色来绘制服装印花。在绘制时将款式和设计亮点放在腰部以上，特别是帽子和人体动态的结合，服装的下摆没有过多的累赘和装饰，画面干净且有设计亮点。

图9-15 服装设计手绘作品15
（作者：景阳蓝）

图9-16 服装设计手绘作品16
（作者：景阳蓝）

图9-17 服装设计手绘作品17
（作者：谢梦婷）

图9-18 服装设计手绘作品18
（作者：卜孙颖）

点评：图9-19为马克笔手绘作品。作品用笔潇洒、大胆、挥洒自如，上衣运用条纹绘制出人体胸部与腰部的曲线美感，下半身宽松肥大的裤子廓型表达到位，腰部翻折的腰头颇具特色。

点评：图9-20为马克笔手绘作品。在服装设计上，作者别出心裁地采用了暗色，但短上衣与长裤的配合使得人体比例更加修长，同时将牛仔内搭和双腰头相结合，使服装整体更和谐。

本章小结

- 服装设计与手绘表现手法因人而异，可以根据自己的造型习惯来进行设计，只要能很好地表达出设计师意图的作品就是好作品。
- "美"没有固定的形态或统一的标准，在设计中有意识地夸张人体的比例，夸张服装的造型，或者夸张人体的动态等，这些都是时装画中常见的艺术手法。

思考题

1. 如何看待一幅手绘作品的优缺点？
2. 绘制一幅手绘作品。

图9-19　服装设计手绘作品19
（作者：谢梦婷）

图9-20　服装设计手绘作品20
（作者：卜孙颖）

参考文献

［1］李正，吴艳，杨予，等. 时装画技法入门与提高［M］. 北京：化学工业出版社，2021.

［2］李正，徐崔春，李玲，等. 服装学概论［M］. 第二版. 北京：中国纺织出版社，2014.

［3］李正，李细珍，刘文涓，等. 服装画表现技法［M］. 上海：东华大学出版社，2018.

［4］余子砚. 服装设计效果图水彩手绘表现基础教程［M］. 北京：电子工业出版社，2020.

［5］郑俊洁. 时装画手绘表现技法［M］. 北京：中国纺织出版社，2017.

［6］郭文君，陈丽芳. 零基础服装设计入门［M］. 北京：化学工业出版社，2020.

［7］陈彬. 时装画技法东华大学服装学院时装画优秀作品精选［M］. 上海：东华大学出版社，2014.

［8］李雪莹. 服装设计——时装画手绘表现技法与实战教程［M］. 北京：电子工业出版社，2019.

［9］黄哲. 服装设计手绘篇［M］. 北京：人民邮电出版社，2023.

［10］慕轩. 服装设计效果图手绘表现完全攻略［M］. 北京：人民邮电出版社，2019.

［11］黄嘉，侯蕴珊，杨露. 时装画实用表现技法［M］. 北京：中国纺织出版社，2017.

［12］胡晓东. 服装设计手绘描摹练习册［M］. 湖北：湖北美术出版社，2022.

［13］费尔南德斯. 美国时装画技法基础教程［M］. 辛芳芳，译. 上海：东华大学出版社，2011.

［14］王悦. 时装画技法——手绘表现技能全程训练［M］. 上海：东华大学出版社，2010.

［15］陈天勋，陈瑶. Painter现代服装效果图表现技法［M］. 北京：人民邮电出版社，2013.

［16］托马斯. 美国时装画技法［M］. 白湘文，赵惠群，译. 北京：中国轻工业出版社，2009.

［17］科珀. 美国时装画技法：灵感·设计［M］. 孙雪飞，译. 北京：中国纺织出版社，2012.

［18］郝永强. 实用时装画技法［M］. 北京：中国纺织出版社，2018.

［19］艾布林格. 美国经典时装画技法（第6版）［M］. 谢飞，译. 北京：人民邮电出版社，2014.

［20］蔡凌霄. 手绘时装画表现技法［M］. 江西：江西美术出版社，2008.

［21］渡边直树. 新·时装设计表现技法［M］. 暴凤明，译. 北京：中国青年出版社，2008.

［22］Giglio Fashion工作室. 全新时装设计手册：效果图技法表现篇［M］. 北京：中国青年出版社，2008.

［23］莫里斯. 时装画技法培训教程［M］. 方茜，译. 上海：上海人民美术出版社，2007.

［24］郭庆红. 手绘与电脑时装画表现技法［M］. 福建科学技术出版社，2006.

［25］胡越. 服饰设计快速表现技法［M］. 上海：上海人民美术出版社，2006.

［26］刘元风，吴波. 服装效果图技法［M］. 武汉：湖北美术出版社，2001.

［27］哈根. 美国时装画技法教程［M］. 张培，译. 北京：中国轻工业出版社，2008.

［28］王受之. 世界时装史［M］. 北京：中国青年出版社，2002.

［29］矢岛功. 矢岛功时装画作品集.1［M］. 许旭兵，译. 南昌：江西美术出版社，2001.

［30］钟蔚. 时装设计快速表现［M］. 武汉：湖北美术出版社，2007.

［31］赵晓霞. 时装画历史及现状研究［D］. 北京：北京时装学院，2008.

［32］路米斯，人体素描［M］. 辽宁：辽宁美术出版社，1980.

［33］沈兆荣. 人体造型基础［M］. 上海：上海教育出版社，1986.

［34］姚晓林. 服装面料设计浅析［J］. 惠州大学学报（社会科学版），2001（04）：46-48.

［35］梁惠娥，严加平. 针织服装面料设计语言初探［J］. 艺术与设计（理论），2010（05）：241-243.

［36］陶颖彦. 浅谈服装面料的肌理设计［J］. 国外丝绸，2006（03）：33-35.

［37］杨志国. 服装面料杂谈［J］. 丝绸，1999（06）：49-50.

［38］黄向群，姚震宇.《时装画技法及电脑应用》简介［J］. 金陵职业大学学报，2000（03）：115-116.

［39］董楚涵. 时装画人体表现技法研究［J］. 南阳师范学院学报，2009（04）：75-77.